워너비 검은 베레

** 이 책의 내용은 특전사의 실상을 생생하게 전하기 위해 저자의 특전사 부대 방문과 훈련 체험 등을 바탕으로 작성되었습니다. 그러나 부대의 자료 제공이 제한되는 세계의 특수부대 화기 및 장비 부분과 일부 역사적 사실은 저자가 기 보도된 언론자료와 위키백과 등 인 터넷 자료를 참고하여 작성한 것이며, 일부 역사적 견해는 저자 개인의 생각임을 밝힙니다.

KODEF
안보총서
75

워너비 검은 베레
WANNABE
A BLACK BERET

김환기·양욱·박희성 지음 | **박균용** 감수

플래닛미디어
Planet Media

● 　　우리나라 대부분의 사람들은 특전사를 알고 있지만, 잘 알지는 못합니다. 그래서 특전사라고 하면 공수부대, 천리행군, 힘든 훈련 등 몇몇 단어들을 연상하지만, 실제 특전사가 무엇을 하는 어떤 부대인지는 정확하게 모르는 경우가 대다수입니다. 물론 이런 현상의 원인은 특전사 관련 이야기들이 대부분 외부로 알려질 수 없기 때문이기도 하지만, 그와 더불어 지금까지 알려진 내용 또한 체계적이지 못했다는 것도 중요한 이유일 것입니다.

특전사는 어떤 부대일까? 무엇이라고 분명하게 말할 수는 없지만, 진짜 군인 같고 멋진 부대인가? 되지도 않고 될 수도 없는 일을 해내라고 하는 상식 밖의 비이성적인 부대인가? 이러한 다양한 특전사에 대한 평가 속에서 많은 사람들이 특전맨이 되고 싶어 특전사 관련 지식들을 인터넷에서 찾고 있습니다. 이런 분야에 관심을 가진 사람들에게 이 책은 특전사에 대한 훌륭한 길잡이가 될 것입니다.

특전사는 지금 이 시간에도 우리 조국의 하늘, 땅, 바다 그리고 해외 파병지에서 자유와 평화를 지키기 위해 목숨 바쳐 훈련하고 있으며, 다른 부대가 할 수 없는 위험하고 힘든 임무 또한 완벽하게 완수하고 있습니다. 공수훈련, 산악극복훈련, 해상침투훈련, 설한지극복훈련, 생존훈련, 설상기동훈련, 대테러훈련, 천리행군 등 다양한 훈련을 수행하고 있습니다. 더불어 세계 평화를 위한 해외 파병 활동, 국가적 재해재난 구조활동, 식수원 보호를 위한 한강 수중정화활동, 특공무술시범, 특전 캠프 등 다양한 활동으로 국민을 위한 군대의 본분을 다하기 위해 최선을 다하고 있습니다.

사람들은 우리나라를 사랑하고 국가와 국민을 위해 목숨 바쳐 싸우겠다고 쉽게 말합니다. 그러나 특전용사는 이런 국가와 국민에 대한 헌신과 신념을 행동으로 실천하는 사람들입니다. 명령이 주어지면 사랑하는 가족을 남겨두고 비행기에 몸을 싣고 고립무원의 적진으로 달려가는 죽음의 두려움까지도 이겨내는 투철한 군인정신의 소유자들입니다.

　이 책은 도전하는 삶을 살아가려는 젊은이들에게 특전사라는 멋진 도전의 땅을 소개하는 길잡이가 될 것이고, 특전사에서 젊음을 불태웠던 사람들에게는 변화와 혁신을 통해 새롭게 도약하는 특전사의 발전상을 소개하는 추억의 장이 될 것입니다.

　특전사 그 끝을 알 수 없는 무한한 매력 속으로 여러분을 초대합니다.

2014년 12월
특수전사령관 전인범

조국과
개인의 운명을
바꾸려는 사람들

● 　　　세상에는 크게 두 종류의 사람이 있다. 주어진 환경이나 운명에 묵묵히 순응하는 사람이 하나고, 환경을 개선하고 운명을 개척하기 위해 잠시도 싸움을 멈추지 않는 사람이 다른 하나다. 전자는 우리 주변에 흔한 다수고, 후자는 여간해선 보기 힘든 소수다. 전자와 후자 모두 죽어서 한 줌의 흙으로 돌아가는데, 전자는 바람 속에 먼지로 흩어지지만 후자는 역사에 이름을 남긴다.

　대한민국은 세계 유일의 분단국이고, 대한민국의 젊은 남자들은 누구나 군대에 간다. 그런데 이 군인에도 크게 두 종류가 있다. 의무로서의 병역을 어쩔 수 없이 수행하는 피동적인 군인이 하나고, 조국과 자기 자신을 위해 능동적으로 미래를 개척하는 군인이 다른 하나다. 전자는 다수고, 후자는 소수다. 전자와 후자 모두 국방과 통일을 위해 자기를 희생하고 봉사하기는 마찬가지인데, 전자는 한때의 추억거리를 얻는 데 그치지만 후자는 완전히 달라진 인생을 훈장으로 받는다.

　대다수가 선택하는 전자의 길은 이미 많은 사람들이 걸어온 길이기에 넓고 평탄하며 안전하고 외롭지 않다. 반면에 소수가 선택하는 후자의 길은 좁고 가파르며 위험하고 외롭다. 물론 진정한 선각자는 남들이 가지 않은 길을 가고, 그 길에서 진정한 인생을 경험한다. 양떼들이 이미 훑고 지나간 들판에는 풀이 남지 않는다. 이 간단하고도 명쾌한 인생의 지침은 그러나 소수만이 선택하고 실천한다. 대다수의 사람들은 이미 나 있는 평탄한 길을 버리고 가파르고 굽은 산길로 굳이 들어서지 않는다.

그런데 이런 좁은 길을 스스로 선택하고, 지도에 없는 새로운 길을 만들기 위해 오늘도 악전고투를 고집하는 젊은이들의 집단이 있다. 바로 특전사다.

특전사, 혹은 공수부대란 말을 듣고 일반인들이 가장 먼저 떠올리는 이미지는 역시 혹독한 훈련이다. 백 척이나 되는 벼랑을 외줄에 의지해 전속력으로 뛰어 내려가고, 파도치는 바다를 맨몸으로 건너고, 낙하산 하나만 믿고 항공기에서 몸을 날리고, 다리를 절뚝이면서도 하루 200리를 행군하는 군인들이 바로 공수부대, 특전사의 용사들이다. 특수한 작전을 위해 특수하게 연마된 군인, 특수한 상황에 대비해 국가가 특수하게 양성하는 군인이 바로 특전용사다. 그만큼 훈련이 힘들고 고될 것은 불문가지다.

그렇다면 이들은 왜 이렇게 힘들고 어려운 길을 택한 것일까? 국가가 이들에게 기대하는 것은 무엇이고, 그 기대에 부응하기 위해 특전용사들은 어떤 훈련을 어떻게 받고 있을까? 그리고 마지막으로, 이들은 어떤 보람과 긍지가 있기에 남들이 감히 도전할 용기조차 내지 못하는 훈련과 임무를 기꺼이 수행하고 있는 것일까?

이 책은 이런 비교적 단순하고 포괄적인 몇 가지 호기심에서 시작되었다. 특전사 출신이 아니기에 이런 궁금증을 해소하고자 필자는 전국 각지에 흩어진 산악훈련장들을 방문하고, 동해의 수평선에서 출발하여 서해의 외딴 무인도를 거친 후 남해를 건너 한라산에까지 올랐다. 보트를 타고 파도치는 바다를 건너고, 지프에 실려 험준한 산길도 헤맸다. 당장이라도 끊어질 것 같은 허벅지를 부여잡고 천리행군 중인 특전용사들의 뒤를 밟았고, 더 이상 숨을 쉬기 어려울 정도로 헉헉거리며 산악훈련장을 누볐다. 그 결과 필자는 그 이전에는 미처 알지 못했던 특전사의 많은 것들을 새로 알게 되었고, 이 책에 그런 내용들을 빠짐없이 담아내려 나름대로 애를 썼다.

취재를 진행하는 동안 필자는 또 인터넷 등을 통해 특전용사가 되고 싶어 하는 청소년들이 엄청나게 많다는 사실을 새삼 알게 되었다. 검은 베레를 쓴 특수부대원의 당당한 모습 자체에 매료된 아이들, 특전사에서만 실시하는 특별한 훈련들(강하, 잠수, 암벽등반 등)에 넋을 빼앗긴 고교생들, 특전사의 저격용 소총이나 최첨단 통신장비에 대한 궁금증으로 밤을 지새우는 젊은이들이 한둘이 아니었다. 우리나라에 부사관과, 특히 특전부사관과를 둔 대학이 그렇게 많다는 사실도 처음 알았다. 필자의 짐작과 달리 우리나라에는 남들이 가지 않는 길을 선택하는 젊은이, 좁고 가파르지만 자신과 국가의 운명을 뒤바꿀 준비가 된 청소년들이 그만큼 많은 것인지도 모르겠다. 이들을 위해 특전용사가 되는 길도 이 책을 통해 안내하고자 했다. 인터넷의 경우 정보는 넘쳐나지만 믿을만한 내용이 적어서 이 책이 조금은 도움이 되지 않을까 싶다.

이 자리를 빌려 취재와 인터뷰에 협조하고 도움을 주신 특수전사령부 전투발전처와 여러 여단들, 특수전교육단에 감사의 인사를 전한다. 특히 어려운 훈련 중에도 기꺼이 인터뷰에 응해준 특전사의 장교, 부사관, 병사들에게도 고맙다는 말씀을 올린다. 그리고 사진 제공에 적극 협조해주신 육군본부 정훈공보실 미디어영상팀과 아미누리 사진작가 여러분에게도 감사의 인사를 드린다.

바다와 하늘과 땅을 가리지 않고, 한겨울의 혹한과 한여름을 땡볕을 탓하지 않으며, 오늘도 남다른 임무를 위해 남다른 피와 땀을 흘리고 있을 특전용사 모두에게 이 책을 바친다.

2014년 12월
저자 김환기

CONTENTS

PART 1

대한민국 특전사, 세계 최강의 특수부대

김환기

특전사는 대한민국 육군에 편성된 유일한 특수부대다. 특수한 임무를 띠고 있고, 특수한 작전을 수행하며, 특수한 훈련을 거친 군인 중의 군인들로만 구성된 군대가 특전사다. 〈미션 임파서블〉이라는 영화 제목처럼 '불가능한 임무'를 띠고 〈지옥의 묵시록〉에나 나올 법한 작전을 전개하며, 〈람보〉처럼 산전수전은 물론 공중전까지 마다하지 않는 인간병기들의 집합소가 바로 특전사다. 영미를 비롯한 선진국들의 특수부대는 우리보다 훨씬 긴 역사를 자랑하지만, 현재의 전투력만으로 따진다면 우리나라 특전사야말로 세계 최강이다. 이 특별한 군대의 과거와 현재를 만나보자.

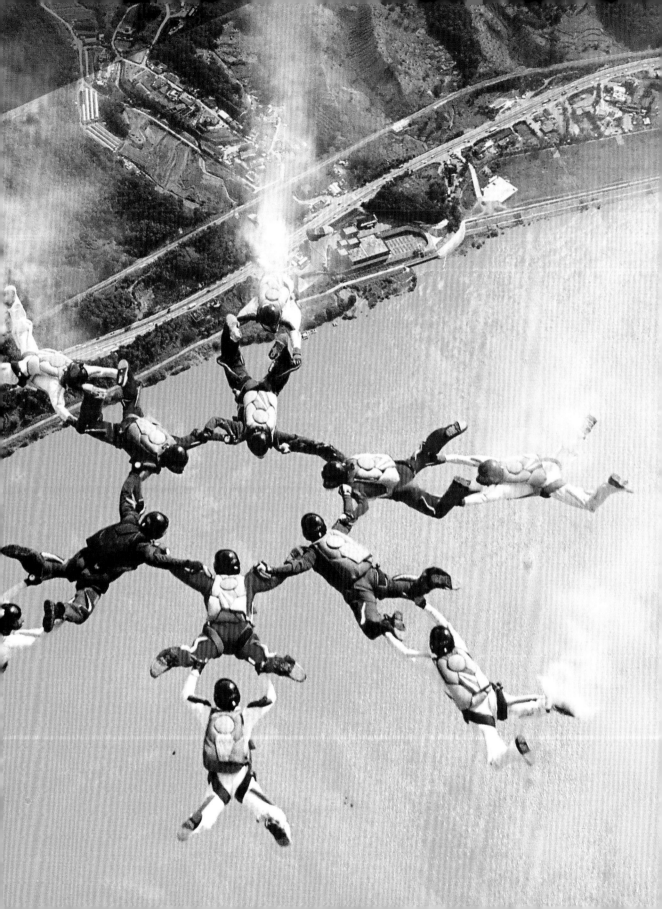

국군의 날은
곧 특전사의 날

● 10월 1일은 국군의 날이다. 6·25전쟁 당시 우리 군이 38선을 돌파하여 인민군을 북으로 밀어올리기 시작한 날이 바로 1950년 10월 1일이었고, 그래서 이날이 우리 군의 생일이 되었다. 이날이 되면 우리 군의 위용과 전투력을 국내외에 과시하고 군의 사기를 진작시키기 위한 각종 기념행사가 열린다. 해마다 장소나 규모는 조금씩 달라지지만 빠짐없이 등장하는 몇 가지가 있다. 첫째는 각종 비행기, 전차, 미사일 등을 동원한 신무기들의 전시다. 광화문 한복판에서 화력 시범을 보일 수는 없으므로 공군의 곡예비행이 가장 큰 볼거리다. 둘째는 의장대와 군악대가 동원되는 시가행진이다. 팡파르에 맞춰 오와 열을 유지한 채 여러 부대의 병사들이 시민들 앞에서 멋진 행진을 펼쳐 보인다.

그러나 국군의 날 행사의 하이라이트는 역시 육군의 각종 전투 관련 시범이다. 태권도 시범, 고공강하 시범, 특공무술 시범 등이 대표적이다. 어린이들을 비롯한 일반인들이 입을 다물지 못한 채 가장 열광하고 환호하게 되는 것도 이런 시범들이다. 그런데 알고 보면 이처럼 우리나라 군인들이 보유한 개인 전투력을 보여주는 시범 행사의 대부분은 사실 특전사에서 도맡다시피 하고 있다. 그만큼 특전사는 우리 육군, 아니 우리 군의

대표선수인 셈이다.

고공강하의 경우 헬기에서 수십 명이 차례로 공중으로 뛰어내리는 것으로 시작된다. 고개를 90도로 젖히고 올려다보면 사람이 점만큼 작게 보이는 엄청난 높이에서 낙하자들은 한순간의 망설임도 없이 일사불란하게 공중으로 몸을 던진다. 이어 지구가 물체를 잡아당기는 엄청난 중력에 몸을 맡긴 채 공중을 날면서 흩어지고 모이는 등 대형을 유지하다가 일정한 순간이 되면 흩어져서 하나둘 저마다의 낙하산을 펼치고 정확히 낙하하기로 약속된 지점에 착지한다. 맨몸으로 하늘을 나는 이들의 모습은 영락없는 한 마리의 독수리다. 이들이 낙하산을 펼치기까지 약 40초 동안, 밑에서 이들을 올려다보는 관중들은 숨조차 쉬기 어려울 정도로 긴장한다. 관중들의 손이 땀으로 축축해질 무렵, 독수리들은 한 떨기 커다란 꽃처럼 두둥실 바람에 실려 낙하지점에 정확히 내려앉고, 숨죽이던 관중들의 박수갈채가 쏟아진다. 이 고공강하 시범을 도맡아 하는 부대가 특전사다.

수백 명이 동원되는 태권도 시범 역시 특전사의 몫이다. 흰 도복을 입고 오와 열을 맞춘 채 절도 있는 동작들이 한 치의 흐트러짐도 없이 물처럼 이어지고 끊어지는 모습은 마치 수백 마리의 백조가 군무를 추는 듯

건군 60주년(2008년) 기념 국군의 날 우리 군이 환갑을 맞은 뜻깊은 날, 창군 이래 가장 성대하게 치러진 생일잔치에서 600명의 제3 공수특전여단 대원들이 일사불란한 동작으로 태권도 시범을 펼치고 있다. 스케일과 디테일이 동시에 살아 있는 이런 장엄한 그림은 최첨단 컴퓨터그래픽으로도 실현 불가능하다.

국군의 날 고공강하 시범 낙하산은 특전사의 가장 기본적이고 핵심적인 침투 수단이자 장비다. 그래서 특전사의 별칭이 공수(空輸)부대다. 낙하산을 자유자재로 다루는 특전용사들은 침투와 생존을 위한 기술의 경지를 넘어 예술의 경지를 추구한다.

한 착각을 불러일으킨다. 이처럼 절도 있고 아름다운 태권도 시범이 자아내는 숙연한 분위기는 20~30명의 태권도 선수들만으로 연출될 수 있는 것이 아니다. 보다 많은 인원이 동원되고, 이들의 동작 하나하나가 정확히 일치할 때에만 가능한 것이다. 이렇게 인원, 실력, 통일성이 요구되는 대규모 태권도 시범을 할 수 있는 조직은 우리나라에 특전사밖에 없다고 해도 과언이 아니다.

태권도 시범이 보여주는 또 하나의 백미는 역시 격파다. 매스게임을 하듯 하늘을 날아오른 특전사 대원들이 차례로 송판을 깨고, 4단이나 5단 발차기를 통해 사람 키의 두 배나 되는 높이에 있는 송판을 깬다. 그런가 하면 수십 장씩 쌓인 기와가 주먹과 이마로 산산이 부서지고, 때로는 대리석이 수십 장씩 박살나기도 한다. 쌓인 기왓장이며 대리석을 보기만 해도 겁부터 더럭 나는 이런 격파 시범 역시 태권도 고수들이 많은 특전사이기에 가능하다.

특전사의 대표 무예인 특공무술 시범은 보는 이의 눈을 의심케 하고 어안이 벙벙하게 만들기에 충분하다. 칼을 들고 덤비는 적을 제압하여 급소를 강타하고, 온몸을 이용하여 네댓 명의 상대를 순식간에 쓰러뜨린다. 그런가 하면 맨손으로 맥주병 10개의 목을 단번에 박살내고, 이마로 수십 장의 대리석을 격파하기도 한다. 심장이 약한 사람이라면 보는 것만으로도 공포를 느낄 이런 가공할 무술 시범 역시 특전사가 아니고는 불가능하다.

이처럼 특전사는 국군의 날 행사를 주름잡는 군대 중의 군대다. 3여단에서 근무하는 이홍상 중사는 초등학교 시절 국군의 날 행사를 보러 갔다가 특전사 대원들의 태권도 시범에 매료되어 특전용사가 된 인물이다.

"너무 멋있어서 미치는 줄 알았습니다. 태권도 시범을 보인 부대가 특전사라는 걸 알고 그때부터 특전사에 갔으면 좋겠다는 생각을 품었고, 그 다음날부터 도장에 다니기 시작했습니다. 입대 전에 태권도 3단까지 땄습니다."

사실 이 중사의 경우는 특전사에서 그다지 특이한 경우가 아니다. 국군의 날 기념식을 비롯한 각종 행사에서 특전용사들의 강하나 무술 시범을 보고 반해서 특전용사가 된 부대원들을 곳곳에서 만날 수 있었다. 이들은 하나같이 말한다.

"멋있잖습니까?"

무슨 설명이 더 필요하겠는가.

국군의 날 격파 시범 단련된 인체는 쇠보다 단단하고 물보다 부드럽다. 유연하고 재빠른 회전 뒤에 총알보다 빠르게 내지른 특전용사의 발차기에 반영구적이라는 기왓장들이 산산이 부서진다. 특전용사들은 상대가 무엇이든 부딪치기만 하면 기어이 무너뜨리고 깨부수는 일격필살의 특공무술을 반드시 익힌다. 맨몸으로도 총칼과 맞설 수 있는 사람들, 바로 특전용사다.

특수부대,
공수부대,
특전사

●   널리 알려진 것처럼 특전사는 우리나라의 대표적인 특수부대다. '대표적인'이라고 토를 단 것은 특전사만이 우리나라의 '유일한' 특수부대는 아니기 때문이다. 특전사 출신이 아니라면 조금 헷갈릴 수도 있는 몇 가지 특전사 관련 명칭들부터 살펴보자. 우선 특수부대는 문자 그대로 특수작전을 수행하는 부대를 말한다. 통상의 전장에서는 전투기, 전차, 군함, 미사일 등의 무기를 사용하여 상호 공방을 벌이는 것이 보통이다. 이런 전쟁을 흔히 정규전이라 하고, 이에 필요한 작전을 정규작전이라고 한다. 전쟁에서는 소위 전선이라는 것이 형성되는 것이 보통이다. 근대 이전의 전쟁은 이런 정규전이 대부분이었고, 얼마나 많은 병사와 얼마나 좋은 무기를 투입할 수 있는가의 여부가 주로 승패를 결정지었다.

    하지만 오늘날의 전쟁은 이렇게만 치러지지 않는다. 최근의 이라크나 아프가니스탄에서 벌어진 전쟁들이 적나라하게 보여주듯이, 이제는 전선을 지키는 것이 문제가 아니라 전선의 후방에 있는 적의 핵심 시설들을 타격하고, 적의 수괴를 암살하거나 체포하는 작전이 더욱 중요해졌다. 군대 수준으로 발전한 테러 집단과의 전쟁에서도 정규전은 큰 힘을 발휘하기 어렵다. 이런 전쟁에서는 보통 전선이라고 할 수 있는 것 자체가 없고, 민간인과 적군이 혼재된 지역에서 납치된 아군이나 우리 측 요인들을 구출하는 등의 임무를 수행해야 한다. 이처럼 전선을 뛰어넘어 적의 후방으로 침투한 뒤 암살, 폭파, 구출, 폭격

언제 어디든 조국이 부르면 우리는 간다 공수부대로 더 널리 알려진 특전사 대원들에게는 헬기를 비롯한 수송기, 낙하산, 레펠용 로프가 기본 장비 중의 하나다. 특전용사들이 헬기에서 패스트 로프를 이용해 곧장 지상으로 침투하고 있다. 이들은 조국이 부르면 언제 어디든 달려갈 준비가 되어 있다.

유도 등의 임무를 수행하는 작전을 보통 비정규작전이라 하고, 이런 비정규적이고 특수한 작전을 수행할 목적으로 만들어진 부대가 바로 특수부대다.

　오늘날 특수부대는 군대를 보유한 거의 모든 나라에 존재한다. 하지만 각 나라별로 특수부대에 주어진 임무와 특성은 제각각이다. 그만큼 특수작전은 범위가 매우 넓고 그 성격도 다양하다. 또 직접 전쟁을 하는 경우가 아니더라도 특수부대의 역할은 만만치 않다. 정치적인 이유 등으로 정규전을 치를 수 없을 때에도 개별 국가는 상대 국가에 특수부대를 침투시켜 각종 은밀한 작전을 벌인다. 혁명이나 반란을 지원할 수도 있고, 첩보 활동을 벌일 수도 있으며, 주요 인사를 암살하는 등의 임무도 수행할 수 있는 것이다. 이처럼 특수한 상황에서 특수한 작전을 수행하도록 만들어진 부대가 특수부대다. 반드시 전시만을 대비하여 편성되는 것은 아니며, 대테러 임무 등 전쟁과 별개의 임무도 수행하는 것이 보통이다. 대개는 소규모 단위로 편성되고, 고난도의 임무 수행이 가능한 최고의 전투력을 보유한 군인들로 구성된다.

　우리나라의 특수부대로는 해군에 특수전전단(UDT/SEAL)과 해난구조대(SSU)가 있고, 공군에는 제6탐색구조비행전대가 있다. 그리고 육군에 특수전사령부, 약칭 특전사가 있다. 이 가운데 특전사는 그 규모가 가장 크고, 지휘관의 계급(중장) 역시 가장 높은 부대다. 이 밖에도 몇 개의 특수부대가 더 존재하지만 일반에는 공개되지 않는다.

　특수부대와 관련하여 해병대의 수색대나 전방부대의 수색대를 특수부대라고 보는 사람들도 있다. 실제로 이들 중대나 대대에 소속된 병사들은 일반 병사들과는 다른 훈련, 예를 들어 특공무술 등을 익히고, 수행하는 임무 역시 일반 병사들과는 약간 다르다. 하지만 이들 부대는 각 사단에 예속된 특별한 부대일 뿐 엄밀한 의미에서의 특수부대가 아니며, 그 핵심 구성원들 역시 의무 복무를 위해 입대한 일반 병사들이다. 앞에서 소개한 육·해·공군의 공식 특수부대는 모두 부사관 및 장교들이 임무 수행을 책임지고 있다.

　우리나라의 대표적인 특수부대인 특전사는 일명 공수(空輸)부대로도 불린다. 공중으로 수송되어 투하되는 부대라는 의미다. 특수전사령부 예하의 부대들은 공수특전여단 등 부대 명칭에서 '공수'와 '특전'이라는 단어를 함께 사용하고 있다. 특전사와 공수부대는 엄밀한 의미에서는 다른 용어지만, 보통은 이렇게 섞어서 사용한다.

　특수부대와 비슷한 용어 중에 특공대도 있다. 우리나라 육군의 경우 특공연대가 편성되어 있는데, 이들 부대 역시 엄밀한 의미의 특수부대는 아니다. 래펠(rappel)이나 강하 등의 훈련을 받고 경계 이외의 임무를 수행하지만, 역시 일반 의무 복무 병사들로 구성된 부대다. 특공대는 특전사보다는 전방이나 해병대의 수색대에 더 가까운 부대다.

"귀신같이 접근하라" 특전사는 적과 정면으로 마주쳐 대놓고 전투를 수행하는 부대가 아니다. 은밀하고 기습적이며 창의적인 작전을, 그것도 적진 한복판에서 소수의 병력으로 수행해야 한다. 군장을 멘 특전용사들이 사방을 경계하며 적진으로 신속하고 조용하게 침투하는 훈련을 하고 있다. 위장크림으로 얼굴은 가려졌으나 눈빛만은 그 무엇으로도 가려질 수 없을 듯하다.

길 아닌 곳이 곧 우리의 길 적지로 침투할 때, 적지에서 탈출할 때, 이미 나 있는 도로란 특전용사들에게 무용지물이다. 적들이 상상할 수 없는 루트를 찾아야 한다. 그 상상할 수 없는 길만이 안 되는 일을 되도록 이끈다. 특전용사 검은 베레는 오늘도 불가능한 임무를 완수하기 위해 그들만의 새로운 길을 만들어가고 있다.

하나부터 열까지,
다 달라

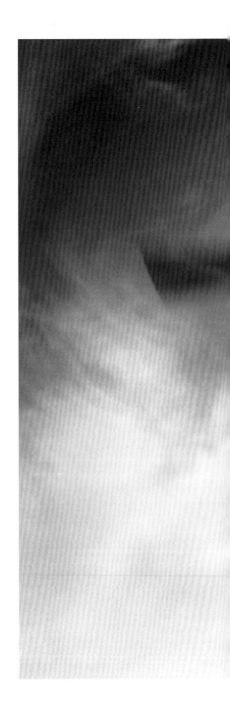

● 　　특수부대 특전사는 한 마디로 모든 것이 특수한 부대다. 같은 군인, 같은 육군이 아니다.

첫째, 주어진 임무, 즉 부대의 존재 의의 자체가 남다르다. 앞에서 설명한 것처럼 특전사는 평시의 대테러 작전, 전시의 비정규작전을 포함한 특수작전 수행을 주요 임무로 하는 부대다. 이렇게 소개하면 그 임무가 퍽 단순해 보이지만, 실상은 그렇지 않다. 해군이나 공군, 육군의 일반 부대가 수행할 수 없는 거의 대부분의 작전을 수행하도록 수많은 임무를 떠안은 부대가 특전사다. 전쟁이 터지면 가장 먼저 비행기로 적의 후방까지 날아간 후 낙하산을 타고 침투하여 각종 임무를 수행한다. 그런데 가만히 생각해보면 적의 후방에서 특수부대가 수행할 임무란 게 한두 가지가 아니다. 적의 수괴를 사로잡거나 저격하는 임무, 주요 시설을 파괴하는 임무, 아군의 포격을 유도하는 임무, 포로가 된 아군 요인을 구출하는 임무, 적군 사이에서 민병대를 조직하거나 게릴라 작전을 수행하는 임무 등 대충 따져보기만 해도 열 손가락이 모자란다. 전시가 아닌 평시에 수행하는 임무도 물론 남다르다. 아시안게임이나 올림픽 같은 큰 행사가 개최되면 경호 임무를 위해 출동하고, 테러가 발생할 경우 진압을 위해 출동하며, 간첩이 나타날 경우에도 출동해야 한다. 성수대교가 끊기고 삼풍백화점이 무너졌을 때에도 특전사가 가장 먼저 달려갔고, 세월호가 침몰했을 때에도 가장 먼저 출동했다. 이처럼 국가적으로 가장 큰 위험이나 위협이 닥쳤을 때 가장 먼저 출동하는 군대가 특전사다. 단순히 체력 좋고 총만 잘 쏜다고 수행할 수 있는 임무들이 아니다. 이처럼 다양하고 많은 임무를 수행해야 하는 만큼 특전사는 각 부대 단위로 전문성을 띠도록 조직되어 있고, 부대원들 역시

"날개가 없어도 괜찮아!" 혹독한 훈련을 견뎌낸 자만이 공수 휘장을 달 수 있고, 그보다 더욱 혹독한 훈련을 견뎌낸 자만이 낙하산 없이도 하늘을 날 수 있다. 사진은 고공강하에 나선 특전용사들이 헬기에서 막 이탈한 모습.

❶ 성수대교 붕괴 당시 구조작업에 나선 특전사(1994년 10월 21일~30일)

❷ 삼풍백화점 붕괴 당시 구조작업에 나선 특전사(1995년 6월 29일)

❸❹ 세월호 침몰 현장에서 수색작업에 나선 특전사(2014년 4월 16일~11월 12일)

주어진 임무에 따라 열차, 선박, 지하철 운행 등 민간인이 상상하기 어려운 기능까지 익히기도 한다.

둘째, 특전사는 일반 부대와 달리 부사관 중심의 부대. 하사, 중사, 상사, 원사 계급장을 단 간부 직업군인들이 전투 수행의 주체고, 이들을 중심으로 부대가 구성되어 있다. 물론 특전사에도 장교들이 있고 의무복무를 위해 입대한 일반 병사들이 있다. 하지만 특전사에서 가장 하위 조직인 전투중대(보통 팀이라 부른다)의 중대원들 대부분은 부사관들이고, 지휘관과 부지휘관만 장교다. 일반 병사들은 특전사의 팀에 소속되지 않고, 별도의 조직에서 행정이나 운전을 비롯한 각종 작전 지원 업무를 맡는다. 부대를 운영하는 가장 하부에 특전병들이 있고, 이들의 지원을 바탕으로 부사관들이 핵심 전투 임무를 수행하며, 그 위에 리더이자 책임자로서 소수 장교들이 있는 구조다.

셋째, 부대의 구성 방식이 남다르다. 사단, 연대, 대대, 중대, 소대, 분대로 이어지는 일반적인 육군 부대의 조직 체계는 특전사에는 해당되지 않는다. 크게 보면 특전사는 사령부 아래 6개 여단(지휘관은 준장)과 1개 단(지휘관은 대령)이 존재한다. 제1공수특전여단, 제3공수특전여단, 제7공수특전여단, 제9공수특전여단, 제11공수특전여단, 제13공수특전여단, 그리고 국제평화지원단이 그것이다. 예하 부대 이름을 보면 모두 홀수로 되어 있고 중간에 제5공수특전여단이 없는 걸 알 수 있는데, 지금의 국제평화지원단이 예전에 제5공수특전여단이었다. 해외에 평화유지군으로 파병되는 특전사 요원들의 소속 부대가 바로 이 국제평화지원단이다. 이 7개 부대 외에 특전사 요원들의 교육훈련을 책임지는 특수전교육단이 별도로 있고, 예하에 특수임무부대가 편성되어 있다. 여단 아래에는 대대(중령 지휘)가 있고, 각 대대 아래에는 지역대(소령 지휘)가 있다. 각 지역대 아래에는 중대가 편성되어 있고, 이 중대를 대원들은 팀으로 부른다.

넷째, 팀원들의 주특기도 남다르다. 특전사는 육군에 속한 부대고, 크게 보면 보병부대다. 하지만 개별 팀원들의 주특기는 통신, 화기, 의무, 폭파, 정작(정보작전), 이 다섯 가지로 세분된다.

다섯째, 임무가 특수한 만큼 훈련도 특수할 수밖에 없다. 우선 특전사에 들어온 모든 인원은 낙하산을 타고 하늘에서 내려오는 공수기본훈련을 반드시 이수해야 한다. 임무 수행의 중심이 되는 부사관은 물론이고, 일반 병사와 장교도 예외가 아니다. 공수기본훈련을 이수하면 가슴에 공수 기본 휘장을 달 수 있는데, 이 마크가 달려 있지 않으면 아무리 검은 베레를 썼든 뭘 했든 가짜 공수부대원이다. 어려운 관문을 뚫고 특전사의 부사관이 되기 위해 특수전교육단에 입교했다 하더라도 강하를 하지 못하면 퇴교다. 운동이나 다른 훈련을 아무리 잘해도 소용없다. 병사들도 마찬가지여서 무조건 공수기본훈련은 필수적으로 이수해야 한다. 공수기본훈련은 3주 과정으로 진행되는데, 사실 갓 입대한 젊은 병사들은 공소공포증만 없다면 그다지 큰 어려움을 느끼지 않을 수도 있다. 끝없는 PT체조와 체력 단련에 지치기는 하지만, 일반 육군의 유격을 3주 한다는 생각으로 버티면 견딜 만하다. 문제는 나이 드신 장교들이다. 장교양성과정에서 공수교육을 미리 받은 사람들은 훈련이 면제되지만, 강하 경험 없이 특전사로 발령이 나면 대령이라도 3주 훈련을 처음부터 고스란히 받아야 한다. 공수훈련 외에도 특전사에는 일반 부대에서 구경조차 하기 어려운 다양한 훈련들이 존재하는데, 이들 훈련에 대해서는 뒤에서 자세히 소개하기로 한다.

여섯째, 최고의 피복과 무기가 지급된다. 가장 어려운 특수작전을 수행하는 부대니 당연한 일이다. 실제로 디지털 무늬 군복은 특전사에 가장 먼저 보급되었고, 신형 전투화도 특전사에 가장 먼저 보급되었다. 저격용 소총, 개인 소총, 권총 등의 화기 역시 최신 화기가 도입되면 가장 먼저 특전사에서 시험 운용을 거쳐 전군에 보급되는 것이 일반적이다. 이 밖에 특수작전 수행을 위한 각종 장비와 무기들이 지급되는데, 람보가 쓸

것 같은 대검을 비롯하여 일반 보병 부대에서는 구경조차 하기 힘든 것들이다. 하지만 특전사라고 모든 물품이 미군 수준으로 지급되는 것은 아니다. 따라서 대원들은 훈련이나 작전에 최적화된 물품들을 각자 구입해서 사용하기도 한다. 신발이나 의류, 선글라스 등이 그런 물품의 주종을 이루는데, 대원들이 모두 공무원 월급 이상을 받는 부사관들이기 때문에 대부분 메이커 제품을 선호한다. 왜? 기능도 기능이지만 멋지니까.

일곱째, 체육대학이나 태릉선수촌을 방불케 할 정도로 대원들은 체력 단련에 매진한다. 모든 훈련 과정에는 체력 단련이 앞뒤로 포함되어 있는데, 대원들은 이에 만족하지 않고 각자 별도의 시간을 내서 저마다의 방식으로 체력을 단련한다. 특전사가 대원들에게 요구하는 체력의 정도가 높은 탓도 있고, 실제로 체력이 뒷받침되지 않으면 특수작전에 필요한 특수 훈련들을 소화할 수 없기 때문이다. 또 특전사에서의 거의 모든 훈련은 팀 단위로 이루어지기 때문에 자기 한 사람 때문에 팀 전체가 곤란해질 수 있다는 생각에 체력 단련에 매진할 수밖에 없다. 그래서 운동을 가장 많이 하는 집단이 바로 특전사다.

여덟째, 남자보다 더 센 여자들이 사는 동네가 특전사다. 특전사의 여군들은 특전사의 남성 대원들이 수행할 수 없는 특수 임무를 수행하도록 양성된다. 대테러 임무나 경호 임무가 대표적이다. 남자들 못지않게 혹독한 훈련을 소화하고, 남자들과 똑같이 아침저녁으로 체력을 단련한다. 뜀걸음이나 수영을 할 때 웃통을

벗지 않는다는 것 외에는 별로 차이가 없다. 선발 요건에 미모는 포함되어 있지 않지만, 대부분 외모도 뛰어나다. 보기와는 전혀 다르게 남자보다 더 센 여자들이 특전사의 여군들이다.

아홉째, 장교라고 예외가 없는 군대다. 팀장에서 대대장에 이르기까지 팀원들과 똑같은 수준으로 뛰고 달리고 굴러야 하는 군대가 특전사다. 그만한 체력이 뒷받침되지 않으면 팀원들을 이끌고 맡겨진 임무를 수행할 수 없기 때문이다. 특전사에 와서 처음 팀장(중대장)을 맡는 대위 계급의 장교들은 팀원들보다 몇 배는 더 체력을 단련하고 어려운 훈련을 소화해야 한다. 짬밥으로 따지자면 팀원들이 몇 년씩 선배인 경우가 많고, 이들의 체력은 일반 부대 부사관들의 체력과는 전혀 다르기 때문이다.

열째, 특전사는 고통스런 군대만이 아니라 그만한 혜택이 주어지는 군대다. 우선 특전사 부사관들의 경우 장기 선발이 상대적으로 쉽다. 의무 복무 기간을 마치고도 여전히 직업군인으로 남고 싶은 사람은 특별한 사유가 없는 한 거의 모두 받아준다. 부사관이 일반 사회에서도 유망한 직업 가운데 하나로 떠오른 오늘날이는 큰 혜택이 아닐 수 없다. 복무 중에도 각종 혜택이 많은데, 모든 군인들에게 주어지는 공통의 혜택 외에 특전사이기 때문에 가능한 수당 등 남다른 혜택들이 있다. 군인 생활이 적성에 맞고, 특전사 스타일의 훈련에 흥미를 느끼는 도전적인 대원들이 많기 때문에 특전사에는 그만큼 장기 지원자도 많다.

일당백의 전투력과 최강의 체력을 겸비한 전문 전투요원 특전사는 임무, 작전, 전술 등에서 여타의 부대와는 그 성격이 판이한 부대다. 이런 특수부대의 성격상 그 구성원들 역시 일반 부대의 병사들과는 다를 수밖에 없다. 일당백의 전투력과 최강의 체력을 겸비한 전문 전투요원들로 구성된 부대가 특전사다. 군살 없는 근육질 몸매의 특전요원들이 해상침투훈련 중 모래 위를 뛰고 있다. 이들의 강한 체력과 정신력을 당해낼 자가 있을까.

최후의 희망,
특전사

●   군대가 존재하는 것은 한 국가의 존망이 위협에 처했을 때 이에 대처하고, 사전에 그런 위협을 제거하기 위함이다. 그런 군대 중에서도 비장의 카드로 숨겨둔 부대가 특수부대고, 우리나라의 경우 특전사가 바로 그런 부대다. 전쟁이 발발할 경우 적군의 급소를 찔러 전세를 단박에 아군에 유리하도록 이끌어야 하고, 테러나 국가적 재난으로 위기가 발생하여 누구도 이를 수습할 수 없을 때에도 최후의 생명선이 되어야 하는 부대다. 실제로 특전사는 지난 1958년 창설 이후 우리나라에서 그런 역할을 도맡다시피 해왔다. 이미 공개된 내용들을 중심으로 몇 가지 사례만 소개한다.

Photo by KIM KYUNG HO
© ROKA & KIM KYUNG HO

#01

1986년 12월 3일 새벽, 경부고속도로 상행선 추풍령휴게소는 한겨울 칼바람 속에 죽은 듯이 엎드려 있었다. 그 적막을 깨고 무장 탈영한 해병대 서용운 중사가 외마디 비명을 지르고 있었다.

"도망간 마누라를 데려와라. 안 그러면 다 죽인다."

술에 만취한 데다가 극도로 흥분한 서 중사는 시외버스 안에 승객 19명을 인질로 잡고 있었다. 버스 안에는 클레이모어(일명 크레모아)가 설치되어 있었고, 그의 한 손엔 클레이모어 격발기가, 다른 한손엔 장전된 M16 소총이 들려 있었다. 요행히 경찰이 서울로 향하던 버스를 세우긴 했으나 더 이상 가까이 접근할 수는 없었다.

그때, 봉고차를 타고 10여 명의 군인들이 경찰 뒤에 나타났다. 머리부터 발끝까지 온통 검은 옷을 뒤집어쓴 이 일단의 군인들은 익숙한 손놀림으로 저격용 소총을 조립하고, 기관총과 권총에 총알을 장전했다.

"저격!"

채 1분도 지나지 않아 대원들의 준비가 끝나자, 누군가 그렇게 명령을 내렸다. 대원들이 허리를 숙이고 버스로 돌진할 자세를 취하자, 그의 다음 지시가 곧바로 떨어졌다. 경찰들과 멀리서 이를 지켜보는 시민들은 하나같이 숨을 죽였다. 자칫하면 범인은 물론 19명의 민간인이 한꺼번에 희생될 수도 있는 엄청난 작전이 막 시작되고 있었던 것이다.

"셋, 둘, 하나, 출발!"

신호와 함께 검은 복장을 한 2명의 대원이 허리를 90도로 숙이고 지그재그로 시외버스 앞쪽으로 내달리기 시작했다. 버스 안의 서 중사는 이들을 향해 소총을 난사했다. 한밤의 정적이 깨지고 버스의 유리창도 깨졌다. 버스 안의 인질들은 일제히 의자 밑으로 고개를 숙이며 비명을 질렀다.

그렇게 두 사람이 서 중사의 시선을 버스 앞쪽으로 돌려놓는 사이, 다른 2명의 대원은 그의 시선을 피해 버스 후미로 바람처럼 내달렸다. 그들은 버스 아래로 숨어드는가 싶더니 이내 차 후미의 범퍼를 밟고 올라섰다.

이어 둔탁하고도 조용한 한 발의 총성이 버스 후미 쪽에서 울렸다. 서 중사는 그대로 총에 맞아 바닥에 쓰러졌다. 경찰들이 일제히 버스로 달려가 시민들을 대피시키기 시작했다. 한바탕 소동이 벌어진 가운데 검은 복장의 군인들은 왔던 것처럼 조용히 어둠 속으로 사라졌다. 이들이 바로 특전사의 특수임무부대 요원들이었다.

#02

1976년 8월 18일, 남과 북이 공동으로 경비를 담당하고 있던 JSA에는 커다란 미루나무 한 그루가 서 있었다. 여름철이 되자 잎이 무성하여 시야를 가리게 되었고, 미군은 이 미루나무의 가지를 쳐내기로 했다. 한국인 인부들을 동원하여 미군들이 가지치기를 시작하자, 이내 북한군이 미루나무 아래에 나타났다.

"그만 자르라우."

"아니, 더 잘라."

미루나무의 가지를 얼마나 쳐낼 것인가를 두고 북한군과 미군 사이에 설전이 시작되었다. 나무 위에 올라가 있던 한국인 인부들은 이러지도 저러지도 못하는 난처한 상황에 처했다.

"계속 잘라!"

미군의 지시에 한국인 인부들이 다시 가지를 치려는 순간, 북한군 중위 박철은 손목시계를 풀어 주머니에 넣더니 갑자기 고함을 치듯 부하들에게 명령했다.

"이 새끼들 다 죽이라우!"

이어 난투극이 벌어졌고, 북한군은 벌목을 위해 준비해두었던 도끼를 집어 들어 보니파스(Arthur Bonifas) 대위와 배릿(Mark Barret) 중위를 살해했다. 이 모든 장면이 한 미군에 의해 동영상으로 촬영되었다.

판문점 도끼만행 사건으로 불리는 이 사건이 알려지자, 남북한은 물론 미국까지 발칵 뒤집혔다. 동영상을 본 박정희 대통령은 "미친개에게는 몽둥이가 약"이라며 일전불사를 주장했고, 미국은 문제가 된 미루나무 주변 일대를 포격하여 초토화할 계획을 세웠다. 그러나 차차 시간이 지나고 흥분이 가라앉으면서 포격 대신 미루나무 자체를 제거하는 작전이 수립되었다.

8월 21일 오전 7시, 미군이 미루나무 제거 작전에 나섰다. 군에는 데프콘2(공격준비태세)가 내려졌고, 북한군 역시 북풍1호(준전시상태)를 발령했다. 미국에서는 핵 탑재가 가능한 F-111 전투기 20대가 본토에서 날

아올랐고, 괌에서는 B-52 폭격기 3대가 발진했다. 항공모함 미드웨이 호는 5척의 호위함을 이끌고 동해의 북측 해역으로 이동하기 시작했다. 북한군은 즉시 노동적위대와 붉은청년근위대에 전투 준비 명령을 하달했다.

이 일촉즉발의 숨 막히는 상황에서 돌아오지 않는 다리 근처에 매복한 64명의 우리 군인들이 있었다. 카투사로 위장하고 매복을 시작한 이들은 이내 몸에 숨겨둔 무기들을 꺼내 조립하고는 북한군 초소 4개를 단숨에 파괴했다. 소총, 수류탄, 클레이모어 등을 이용해 상부의 '응징' 명령을 지체 없이 수행한 것이다.[1] 이 위험천만한 작전을 맡은 군인들은 당연히 특전용사들이었다.

#03

2007년 7월 19일, 중동 지역으로 선교를 떠났던 분당 샘물교회 목사와 신도 23명이 아프가니스탄의 카불에서 칸다하르로 이동하던 도중 무장한 탈레반에 납치되는 사태가 발생했다. 이들은 목사를 비롯하여 2명을 살해하고, 당시 평화유지군으로 나가 있던 우리 군을 철수시키는 한편 아프가니스탄 정부에 포로로 잡혀 있는 자신들의 동료 전원을 석방하라고 요구했다.

우리 정부는 즉시 협상단을 꾸려 현지로 파견하는 한편, 인질들을 구출하는 군사 작전도 세웠다. 구체적인 구출 작전의 수립을 위한 억류 지역의 지형 정보, 탈레반 무장 세력의 이동 경로 및 은거지, 동향 등에 대한 첩보가 속속 수집되었고, 탈레반의 무기 등에 대한 분석도 이루어졌다. 현지에서 이런 임무를 수행한 부대 역시 특전사였다. 세상에 널리 알려진 것은 아니지만, 우리 특전사의 이런 활동에 압박감을 느낀 탈레반이 결국 협상에 응하게 되었고, 생존한 인질들은 43일 만에 풀려나 구사일생으로 귀국했다.

당시 우리 정부 대표단 가운데에는 카불군사협조단

---

1 http://ko.wikipedia.org/wiki/판문점_도끼_살인_사건

장으로 파견된 인물이 있었는데, 2013년부터 특수전 사령관을 맡고 있는 전인범 장군이 그 주인공이다. 그와 당시 현지에서 작전을 준비한 특전사 대원들 가운데 일부는 이때의 공로로 훈장이나 표창을 받았다.

우리 국민이 해외에서 겪은 최대 규모의 이 인질극 발생 당시, 우리 군은 인질 구출 작전을 넘어 탈레반 완전 소탕 작전을 검토하기도 했다고 한다. 특전사 1, 2개 여단을 현지에 투입하여 미군 및 아프가니스탄 정부군과의 협조 하에 가즈니 주의 탈레반을 모두 소탕한다는 작전이 합참에 의해 검토되고, 청와대에서 열린 국가안전보장회의(NSC)에까지 보고됐었다는 것이다.[2]

이런 일화들은 그러나 특전사의 활동 가운데 극히 일부에 지나지 않는다. 1958년 창설 이후 특전사는 나라와 국민들이 위기에 처할 때마다 가장 신속하게 출동하여 최후의 생명선 역할을 수도 없이 담당해왔다. 우선 창설 직후부터 최근에 이르기까지 간첩과 관련된 거의 모든 작전의 최일선에는 특전사가 있었다. 흑산도, 울진·삼척, 괴산, 북평지구, 서귀포, 강릉 등에 무장간첩이 나타났을 때 이들을 사살하거나 생포한 부대가 모두 특전사였다. 총기나 기타 무기를 들고 탈영한 군인들을 추적하여 체포하는 일에도 특전사는 항상 가장 앞에 있었다. 민간인이나 경찰들이 상대할 수 없는 이런 위험한 상황의 해결사 노릇을 도맡아 해온 것이다. 최근 일어난 군대 총기난사사건 당시에도 탈영병을 체포하기 위해 출동한 것이 한 사례다.

수십 차례 해외에 파병되어 우리 군의 국위 선양을 주도한 부대 역시 특전사였다. 베트남 전쟁 당시에는 맹호부대와 백마부대에 배속되어 장거리 정찰 임무 등 특수전 임무를 수행했고, 1990년대 이후에는 소말리아, 앙골라, 동티모르, 이라크, 아프가니스탄, 레바논, 아랍에미리트 등에 평화 유지 등 각종 임무를 띠고 파병되었다.

경호가 필요한 국가적 행사의 뒷면에는 항상 특전사가 있었다. 1986년 아시안게임을 시작으로 올림픽이나 월드컵, G20 정상회의 등과 같은 큰 행사가 있을 때마다 경호 작전의 상당 부분은 특전사가 맡아왔고 지금도 그렇다.

수해와 붕괴 사고를 비롯한 각종 재난과 재해 현장에도 특전사는 항상 가장 먼저 나타났다. 성수대교와 삼풍백화점 붕괴 현장 등에 우선적으로 투입되어 수색, 인명구조, 부상자 치료 및 복구를 위해 맹활약했다. 2014년 세월호 침몰 현장에도 특전사는 가장 먼저 달려갔다.

이처럼 국가와 국민이 위기에 처했을 때 번개같이 나타나 위험을 제거하고 뒷수습을 해온 특전사지만 굴곡진 우리 현대사에서 이들도 항상 구호자 역할만을 수행한 것은 아니었다. 신군부가 정권 장악을 위해 12·12사태를 일으킬 때 동원한 부대가 특전사였고, 광주민주화 운동을 진압할 때 동원한 부대도 특전사였다. 아픈 과거이자 상처가 아닐 수 없다.

---

2 http://ko.wikipedia.org/wiki/탈레반_한국인_납치_사건

8240부대를
아시나요?

● 　　　1950년 9월 15일, 맥아더 장군은 스스로 성공 확률이 5,000분의 1이라고 말한 인천상륙작전을 감행했다. 이 작전의 성공으로 한국전의 판세가 완전히 바뀌었다는 것은 이미 널리 알려진 사실이다. 하지만 알려지지 않은 내용도 있다.

작전의 실행에 앞서 맥아더는 몇 가지 난제들을 검토했고, 가장 큰 난제 중의 하나는 261척에 이르는 군함들을 일시에 뭍으로 보내기 위해 필요한 등대를 확보해야 한다는 것이었다. 조수간만의 차가 엄청나게 심한 인천 앞바다에서 야음을 틈타 대규모 상륙작전을 펼치기 위해 주어진 시간은 너무나 짧았고, 해가 뜨기 전에 상륙은 마무리되어야 했다. 이를 위해 반드시 필요한 것이 등대였다. 하지만 맥아더가 1차 상륙지점으로 선택한 인천의 월미도는 여전히 적의 수중에 있었다.

8240부대, 일명 켈로 부대는 미군에 의해 우리나라에서 최초로 조직된 게릴라 부대이자 특수부대였다. 이 부대원들 가운데 일부는 뒷날 오늘날의 특전사를 창설하는 핵심 전력이 되었다. 2013년 정전 60주년을 맞아 미국 특수전사령부와 국가기록관리청, 유엔기록보존소에서 8240부대의 작전명령서와 사진 등이 공개되었다. 사진은 최일도 목사의 아버지 최희화 대대장(뒷줄 오른쪽 두 번째)과 켈로 부대원들. (사진 제공: 오종국 중대장)

이 난제를 타개하기 위해 일단의 유격대원들이 상륙작전 직전에 월미도 앞의 팔미도에 파견되었다. 이들은 팔미도를 지키고 있던 인민군을 격퇴한 뒤 등대를 점령했고, 맥아더의 상륙 명령을 받은 유엔군 군함 261척은 이 팔미도의 등대 불빛에 의지하여 삼시간에 월미도에 상륙했다. 이때 팔미도에 미리 상륙하여 등대를 확보한 부대의 이름이 북한 지역 출신 유격대원들이 주축이 된 8240부대였다.

전쟁이 한창이던 1951년 4월, 남과 북은 화천수력발전소를 사이에 두고 치열한 쟁탈전을 벌였다. 이 발전소는 당시 한반도 최대의 전력을 생산하는 기지여서 남과 북 모두 포기할 수 없는 전략적 요충지였다.

"식량은 남의 나라에서 사오기라도 할 수 있지만 에너지는 그럴 수 없다."

당시 이승만 대통령은 이렇게 말하며 유엔군에 화천수력발전소 탈환을 거듭거듭 요청했다. 이에 유엔군은 발전소 인근을 포격하고 또 포격하는 공격을 실시했다. 그런데 어찌된 일인지 거듭된 포격에도 불구하고 북한군의 탱크와 포는 오히려 나날이 늘어가기만 했다. 미군이 비행기를 띄워 촬영한 사진의 결과가 그랬다. 유엔군은 북한도 그만큼 발전소에 목을 매고 있기 때문이라고 보고 하는 수 없이 공세의 수위를 낮추었다.

그러나 늘어만 가는 북한군 전력에 의문을 품은 일단의 대원들이 있었다. 다른 전선의 상황도 녹록지 않은 상태에서 유독 이곳의 화력만 증강되고 있다는 사실에 의문을 품은 이 부대의 대원들은 현지에 조사팀을 파견했고, 조사 결과 적들의 증강된 화력은 가짜임이 밝혀졌다. 사진에 그럴듯한 탱크와 포로 촬영된 것들이 모조리 나무로 만든 가짜 모형이었던 것이다. 이런 첩보를 입수한 아군은 즉시 제6사단과 해병대 제12연대를 파견하여 발전소를 완전히 점령했다. 당시 이 지역에는 중공군 3개 사단이 주둔하고 있어 그 어느 때보다 공방이 치열했고, 이 치열한 공방 끝에 발전소는 완전히 남한의 수중에 들어왔다. 이 전투의 승리를 기념하여 이승만 대통령은 오랑캐를 수장시킨 호수라는 의미로 이곳에 파로호라는 이름을 붙였다.

적들의 기만전술을 현장에 침투하여 눈으로 확인하고 아군의 진격을 유도한 이들 역시 8240부대원들이었다.

8240부대는 6·25전쟁 당시 미국 극동군 특수전사령부가 한반도 전역에서 운영했던 부대로, 일명 켈로(KLO), 동키, 울프팩 등으로도 알려져 있다. 최고 3만여 명에 이르렀을 것으로 추정되는 그 부대원들은 대다수가 북한 지역 출신이었다. 말하자면 미 극동군 특수전사령부가 적의 후방에 조직한 게릴라 부대이자, 북한 지역 출신자 위주로 한국에서 최초로 만든 특수부대가 바로 8240부대였다. 실제로 이 부대의 부대원들은 앞에서 소개한 것처럼 혈혈단신 적진에 침투하여 정보를 수집하고 후방을 교란하는 등 비정규전을 수행했다. 그리고 이렇게 특수부대로서의 역할을 수행함으로써 전쟁에 크게 기여했다.

휴전 직후인 1953년 8월, 8240부대는 우리 육군본부 산하의 8250부대로 재탄생되었다. 이어 1954년 3월에는 부대원들이 일반 군 장교와 병사로 편입되었다. 하지만 전쟁 이후에도 군인의 길을 계속 걸은 부대원들은 극히 일부에 지나지 않았다. 많은 부대원들이 전투 중에 사망하거나 적의 후방에서 활약하다가 북한 지역에 그대로 남겨졌던 것이다. 6,000여 명이 전쟁 중에 사망하고 2,000여 명이 행방불명된 것으로 추정된다. 남한에 있던 생존 부대원들 대다수는 전쟁 이전의 자기 자리로 돌아갔다.

문제는 이들이 군인 이상의 군인 역할을 수행하고, 누구보다도 처절한 희생을 치렀음에도 불구하고 전후에 국가로부터 전혀 보상을 받을 길이 없었다는 것이다. 이유는 하나, 이들에게는 군번과 정식 계급이 없었다는 것이다. 게다가 부대의 성격상 기록을 남기지도 않았다. 이로써 8240부대원들은 누구보다 혁혁한 전공을 세우고도 지난 수십 년 동안 참전한 사실조차 인정받지 못하는 어처구니없는 대접을 받아야 했다.

8240부대원들 가운데 늦게나마 그 전공이 인정되는 경우가 최근 생겨나고 있다. 이는 미군의 당시 작전명령서를 비롯한 일부 문서가 기밀에서 해제되면서 본격화된 현상이다. '밥퍼 목사'로 유명한 다일공동체 대표 최일도 목사의 부친인 고(故) 최희화 씨도 그런 경우다. 이분은 앞서 소개한 팔미도 등대 탈환 작전에 참가했던 분이고, 당시 보직은 대대장이었다. 그가 이끄는 일명 백호부대의 부대원들은 팔미도 작전에 참가한 뒤에도 전쟁이 끝날 때까지 월내도, 육도, 오작도 등을 근거지로 삼아 기습공격과 첩보 활동으로 북한의 해상 전력을 봉쇄하는 데 크게 기여했다. 지금은 모두 북한의 섬들이 된 지역이다.

최희화 씨 역시 전후에는 민간인으로 복귀하여 생활하다가 참전 공로를 인정받지 못한 채 1971년 사망했다. 그런데 아들 최일도 목사가 오작도에서 부대원들과 군복을 입고 찍은 아버지 사진을 발견했고, 최근 기밀에서 해제된 당시 미군 작전명령서에서 그의 이름이 확인되었다. 이에 따라 정부는 지난 2014년 1월 그에게 화랑무공훈장을 추서했다. 전쟁 발발 64년 만이다. 이렇게 지금까지 8240부대원으로 전투에 참여한 공로가 인정되어 훈장을 받은 사람은 그래봐야 지금까지 36명뿐이다.

미군에 의해 우리나라에서 최초로 조직된 게릴라 부대이자 특수부대가 바로 8240부대였고, 이 부대원들 가운데 일부는 뒷날 오늘날의 특전사를 창설하는 핵심 전력이 되었다.

특전사 탄생기

● 1차 대전과 2차 대전을 거치면서 각국은 특수부대가 전쟁에서 얼마나 중요한 역할을 하는지 깨닫게 되었다. 이에 우리 군 역시 6·25전쟁 이전인 1948년부터 특수부대의 창설을 위한 연구를 시작했다. 그러나 연구가 미처 성과를 내기도 전에 6·25전쟁이 발발하면서 특수부대의 창설은 전쟁 이후로 미뤄졌다. 그러다가 휴전 이후에도 그 호전성을 버리지 않는 북한군에 신속하고 과감하게 대처하기 위해서는 우리 군에도 특수부대가 반드시 필요하다는 주장이 다시 제기되었다. 이에 육군본부에 특전감실이 설치되고, 1958년 4월 1일 마침내 제1전투단(최초의 공수부대)이 용산에서 창설되었다. 이 부대가 오늘날의 특전사 모체가 되었다. 당시 2개 대대 규모로 창설된 제1전투단에는 8240부대 출신 장교 20여 명과 일부 병사들이 기간요원으로 합류했다.

제1전투단 대원들은 창설 보름 만인 4월 15일부터 일본 오키나와에 있는 미 육군 특수부대[일명 그린베레(Green Beret)] 제1특전단 교육대에서 공수 및 특수전 교육을 받았다. 이들은 교육 이수 후 귀국하여 제1전투단에서 국내 최초로 공수기본교육을 실시하는 등 특수전 훈련 체계와 제도를 정비하는 데 크게 기여했다. 이렇게 출발한 제1전투단은 태어난 지 1년여 만인

1959년 10월에 검은 베레의 제1공수특전단으로 개편되었다.

제1공수특전단은 창설 이후 대한민국 국군의 공수교육과 특수전 교육의 본거지였을 뿐만 아니라, 특수전과 관련해 공수교육 수료(1958), 한미연합훈련(잠수함 해상침투훈련, 1960), 스키훈련(1963), 동계훈련(1965) 등에서 '한국군 최초'라는 타이틀을 11개나 갖고 있을 정도로 선도적인 역할을 수행해왔다. 특히 1974년에는 건군 사상 최초로 천리행군을 실시, 한 명의 낙오자도 없이 훈련을 성공적으로 완수하는 기염을 토했다. 베트남 전쟁을 시작으로 해외에도 여러 번 파병되었는데, 동티모르의 상록수부대, 이라크의 자이툰부대, 레바논의 동명부대 등에 핵심 전력으로 편성돼 임무 수행을 무사히 마치고 복귀하는 성과를 거두었다. 대통령 표창을 다섯 번이나 받은 이 부대의 표어는 "절대 충성 절대 복종, 세계 최강 천하제일, 육군 특전사 독수리부대"다.

1969년 1월 18일에는 경기도 소사에 동해안경비사령부 소속의 제1유격여단이 창설되었다. 창설 직후 강원도 삼척에 주둔하다가 1970년 11월 27일 현재의 서울 송파구 거여동으로 이전했다.

이 시절 흑백 텔레비전에서 방영되던 군대 관련 최고

❶ 제1전투단(현 제1공수특전여단, 서울 용산) 창설기의 부대 전경(1958년 4월 1일)
❷ 제1공수특전단의 부대기(1958년 10월)
❸ 최초의 공수교육(1958년 4월 15일, 일본 오키나와)
❹ 제1전투단의 공수훈련(1958년)
❺ 1950년대 공수교육 수료 장면
❻ 1959년에 창설된 최초의 낙하산 정비대
❼ 특수전 교육 수료 기념 사진(1959년)

1. 해상침투훈련(1960년)
2. 일본 오키나와에서 열린 한미연합훈련(1960년)
3. 최초의 강하조장 휘장수여식(1961년)
4. 대학생들을 상대로 한 제1기 공수훈련생 수료식(1961년)
5. 최초 산악훈련(1963년)
6. 한미연합훈련(1963년)
7. 육·해·공군 참모차장 한미연합 특수부대 작전기지 방문(1965년)
8. 최초 스키훈련(1963년)
9. 제1유격여단(현 제3공수특전여단, 경기 소사) 창설식(1969년 1월 18일)
10. 제5공수특전여단 창설식(1972년 9월 20일)

의 인기 프로그램 가운데 〈배달의 기수〉라는 프로그램이 있었다. 50대 이상이라면 누구나 기억하고 있는 우리나라의 대표적인 밀리터리 프로그램이다. 1972년에 방영된 이 프로그램에 제1유격여단의 훈련과 생활상이 소개되었는데, 지금의 특전사 훈련과 크게 다를 것이 없을 정도로 고강도 훈련을 실시했음을 알 수 있다. 한겨울에 얼음을 깨고 냉수마찰을 하고, 끊어진 것을 다시 이어붙인 로프에 의지하여 얼음이 쨍쨍 언 절벽을 단숨에 내려온다. 막타워로 불리는 모형탑에서 뛰어내리고, 북한 지역 지도를 펴놓고 식용이 가능한 식물들의 분포도를 익히며, 교량 따위를 폭파하는 훈련도 한다. 산토끼를 잡아 요리하는 장면도 있다.

"이들은 눈에 띄는 무엇이든 요리할 수 있는 진기한 요리솜씨를 가지고 있는 것입니다."

해설자의 멘트다. 외줄에 다리를 건 채 절벽을 건너는 장면에서는 이런 멘트가 이어진다.

"줄타기를 잘하는 광대를 보고 우리는 신기해하지만, 이들의 훈련 모습에 비하면 이런 것은 오히려 무색해지고야 말게 됩니다."

뿐만이 아니다. 군대식 태권도 훈련은 물론 무시무시한 特功무술 시연 장면도 나온다. 이마로 수십 장의 기와를 깨고, 과도만한 칼을 던져 표적에 백발백중 명중시키는 장면이 이어진다. 프로그램의 마지막 부분은

제1유격여단 대원들이 헬기에서 거침없이 낙하하는 장면이다. 프로그램의 중간에 해설자는 "안 되면 되게 하라"는 이 부대의 신조에 대해 언급하고 있는데, 지금도 이 말은 특전사의 신조로 사용되고 있다.

제1유격여단에 이어 1969년 2월 17일에는 경기도 수색에 제2유격여단이 창설되었다. 이들은 전북 남원을 거쳐 인천 북구 산곡동으로 이전했다.

이렇게 1개 공수특전단과 2개 유격여단을 통합 지휘할 부대로 1969년 8월 18일 용산에서 새로 창설된 부대가 특수전사령부, 약칭 특전사다. 특수전사령부의 신설과 함께 기존의 제1전투단은 제1공수특전여단(독수리부대)으로 부대 명칭이 바뀌었다. 그러나 제1·2유격여단은 명칭을 바꾸지 않은 채 한동안 그대로 기존의 부대 명칭을 사용했다. 그러던 중 1972년 8월 1일, 특수전사령부는 인천의 부평을 떠나 제1유격여단이 있던 송파구 거여동으로 이전하게 되었다. 이어 특수전사령부 예하 부대 명칭의 일관성을 위한 부대 명칭 변경이 있었다. 이에 따라 1972년 9월 20일부터 제1유격여단은 제3공수특전여단(비호부대)으로, 제2유격여단은 제5공수특전여단(흑룡부대)으로 명칭을 변경했다. 이렇게 통일된 명칭의 3개 여단 체제를 갖추게 됨으로써 특전사는 명실상부한 대한민국의 특수부대이자 독립적인 부대로 거듭나게 되었다.

특전사 성장기

●   특전사가 창설되고 자리를 잡아가던 1960 년대 말에서 1970년대 초는 베트남 전쟁이 한창이던 시기다. 당연히 특전사 대원들도 파병부대에 배치되어 정찰과 척후 등 핵심 임무를 수행했다. 특수전사령부 창설 이전에 제1공수특전단 소속으로 파병된 대원들은 맹호와 백마의 사단 공수특전대원으로 활약하며 장거리 정찰 임무 등의 특수 임무를 수행했고, 특수전사령부가 창설된 이후에는 맹호와 백마부대에 공수지구대가 별도로 편성되어 보다 독립적이고 특수한 작전을 벌였다.

이렇게 창설 초기부터 실전과 함께 성장하기 시작한 특전사는 1970년대를 거치는 동안 양적으로도 크게 성장했다. 우선 1974년 10월 1일에 제7공수특전여단(익산, 천마부대)과 제9공수특전여단(인천 북구, 귀성부대)이 동시에 창설되었고, 이어 1977년 7월 1일에는 제11공수특전여단(화천, 황금박쥐부대)과 제13공수특전여단(증평, 흑표부대)이 창설되었다. 이로써 특수전사령부 예하 7개 여단 체제가 완성되었다.

1970년대 말과 1980년대 초의 정치적 혼란기를 어렵게 거친 특전사는 1980년대 이후 본격적인 질적 성장을 꾀하게 된다. 이를 위해 우선 특수전교육단을 창설하여 명실상부한 특수전 교육의 요람을 만들었다. 현재 모든 특전용사들은 바로 이 특수전교육단을 통해 배출된다. 또 각 여단에서 자체적으로 해결하기 어려운 모든 훈련들이 이 특수전교육단에서 이루어진다. 나아가 특전사 자체 교육뿐만 아니라 외부의 위탁 교육생들도 맡아서 공수교육을 비롯한 각종 특수전 교육을 시킨다. 우리나라 특수전 교육의 본산이라고 할 수 있는 부대가 바로 이 특수전교육단이다. 교관들은 각 분야의 최고 베테랑들이고, 이들은 특전요원 양성을 위한 교육 전문가일 뿐만 아니라 특수전과 관련된 최고의 연구원이기도 하다.

1980년대에는 특수전교육단과 더불어 특수임무부대도 창설되었다. 인간병기들의 집합소라고만 알려져 있을 뿐 많은 것이 베일에 싸인 특수부대 안의 특수부대가 바로 이 특수임무부대다. 부대원들의 얼굴 자체가 2급 비밀에 속할 정도로 외부에 알려지는 것을 극도로 꺼리는 부대이기도 하다. 평시에는 대테러가 주

❶ 제7공수특전여단 창설식(1974년 10월 1일)
❷ 제9공수특전여단 창설식(1974년 10월 1일)
❸ 제11공수특전여단 창설식(1977년 7월 1일)
❹ 제13공수특전여단 창설식(1977년 7월 1일)

임무고, 전시에는 X파일로 불리는 특수 임무를 맡는 부대라는 정도가 알려져 있을 뿐이다. 특수임무부대에 대해서는 뒤에서 자세하게 소개하겠다.

이렇게 발전에 발전을 거듭해온 특전사가 국민들의 눈에 본격적으로 띄기 시작한 것은 1980년대 중후반부터다. 특히 아시안게임과 올림픽이 서울에서 개최되면서 대테러 활동의 중요성이 커지고, 요인들에 대한 경호 수요가 폭증하면서 특전사 대원들의 외부 활동이 증가했다. 아시안게임과 올림픽 외에도 APEC 정상회담과 G20 정상회담, 월드컵 등이 개최되었고, 이때마다 특전사 요원들은 완벽한 대테러 작전과 경호 작전을 펼침으로써 그 역량을 대내외에 과시했다. 국가적 차원의 큰 행사가 있을 때마다 대통령경호실이나 경찰 특공대와 더불어 행사 지원 및 경호경비 작전을 담당해온 부대가 바로 특전사다.

재난 현장에서의 활동도 두드러져 성수대교 붕괴, 삼풍백화점 붕괴, 목포 아시아나 항공기 추락, 세월호 침몰 등 각종 사건이 벌어질 때마다 어김없이 특전사가 앞장섰다. 1996년에는 강릉에 무장공비가 침투하는 사건이 발생했는데, 이때 특전사 요원들이 출동하여 공비 6명을 사살함으로써 사건을 조기에 종료시키는 성과를 거두기도 했다.

1990년대 이후에는 해외 파병의 성과도 두드러졌다. 특전사는 1990년대 초반부터 2000년대까지 소말리아, 앙골라, 동티모르, 이라크, 아프가니스탄, 레바논, 아랍에미리트 등에 평화유지군을 파병했는데, 이런 해외 파병을 전문적으로 담당하는 부대가 특전사 예하의 국제평화지원단(국평단)이다. 본래는 1969년에 제2유격여단으로 창설되었다가 1972년에 제5공수특전여단으로 명칭이 변경되었고, 이어 2000년 6월 1일에 다시 특수임무단으로 명칭이 변경되었으며, 2010년 7월 1일에 지금의 국제평화지원단으로 명칭이 최종 변경되었다.

이렇듯 특전사는 국가적 차원의 행사나 재난이 발생할 때마다, 혹은 국내를 넘어 해외에서도 도움이 필요할 때마다 적시에 나타나 가장 중요한 역할을 조용하고도 완벽하게 처리함으로써 국민들의 신뢰를 받는 최강의 군대로 인식되고 있다.

❶❷ 월남전에 참전한 특전용사들
❸ 대간첩작전 유공 대통령 부대표창 시상식(1972년)
❹ 멸공특전훈련 시범(1978년)
❺ 부마지역 충정임무 수행(1979년)
❻ 제5공수특전여단 부대 이전 행사(1980년 1월 22일)
❼ 특수전교육단 예속 전환(교육사→특전사)(1999년 6월 1일)

용사를 넘어
영웅이 된 사람들

● 　　화려하고 놀라운 특전사의 역사는 그만큼이나 용감하고 영웅적인 부대원들에 의해 이룩된 것이다. 수많은 특전용사들이 젊음을 불태우고 자신을 희생하며 오늘의 특전사를 일구어왔다. 그중에서도 가장 기억에 남을 만한 2명의 특전 영웅을 소개하겠다.

이원등 상사는 1935년 경북 월성에서 태어나 1955년에 입대했으며, 1959년에 제1공수특전단으로 전입해 공수기본 6기로 교육을 수료하고 1961년 미국 포트리 육군군사방위학교에서 낙하산정비교육을 수료함으로써 대한민국 최초의 스카이다이버로 성장하게 되었다. 이처럼 미국에까지 건너가 낙하산 관련 전문 교육을 이수한 대원이었기에 그는 훈련 때마다 전우들에게 생명줄인 낙하산을 철저하게 검사하고 관리하도록 당부하고 또 당부했다.

그러던 1966년 2월 4일, 이원등 상사와 전우들은 C-47 수송기를 이용한 고공침투훈련에 나섰다. 비행기는 겨우내 꽁꽁 얼어붙은 한강 위를 날고 있었고, 그와 전우들은 4,500피트(약 1,370미터) 상공에서 차례로 강하를 시작했다. 그런데 비행기에서 몸을 날린 그는 바로 앞에서 강하를 시작한 동료의 낙하산 줄이 꼬여 낙하산이 펴지지 않는 것을 보게 되었다. 그 동료는 무서운 속도로 추락하고 있었다. 전우의 생명이 경각에

달렸음을 한눈에 알아차린 그는 그대로 바람을 가르고 허공을 날아서 동료의 낙하산을 산개시켜주었다.

그러나 정작 자신의 낙하산을 펴기에는 시간이 부족했다. 동료의 낙하산을 펴주느라 시간을 지체한 나머지 지상에 너무 가까워져버린 것이었다. 그는 미처 낙하산을 펴지도 못한 상태에서 2미터 두께의 얼음판에 그대로 추락했다.

서른한 살, 특전사 최고의 기량을 뽐내던 이원등 상사는 그렇게 순직했다. 자신이 죽을 걸 뻔히 알면서도 동료의 목숨을 구하기 위해 한순간도 지체하지 않은 그의 전우애와 희생정신은 특전맨들에게 살신성인의 표본이 되었다. 특전용사들은 오늘도 그를 '하늘의 꽃'이라 부르며 귀감으로 삼고 있다.

이원등 상사가 살신성인을 실천한 진정한 군인이었다면, 장선용 원사는 1996년 강릉 대간첩 작전에 투입되어 실질적인 공을 세움으로써 살아 있는 전투 영웅이 된 인물이다. 부산 출신인 그는 1981년 10월에 제2하사관학교를 통해 군에 입대했고, 같은 해에 공수기본 242기로 특전맨이 되었다.

1996년 11월 5일, 강릉에 침투한 무장공비들 가운데 2명이 아군의 포위망을 뚫고 교묘히 도주하여 북으로 달아나기 시작했다. 최후의 발악을 하고 있던 이들

이원등 상사 흉상 전우의 목숨을 구하기 위해 자신의 목숨을 초개처럼 버린 살신성인의 표본이다. 오늘도 그는 특전사 내에서 '하늘의 꽃'으로 불린다.

을 처리하기 위해 특전사 수색조가 긴급 편성되었고, 장선용 당시 상사도 그 일원으로 작전에 참여하게 되었다. 수색 도중 장 상사는 인제군 연하동에서 적들과 조우했고, 이들을 조용히 섬멸하기 위해 20미터 전방까지 낮은 포복으로 다가갔다. 이어 조준사격으로 공비 1명을 사살했다. 이제 남은 공비는 하나. 장 상사는 그에게 투항을 권유했다. 하지만 적은 총을 쏘며 대응했고, 생포가 불가능하다고 판단한 장 상사는 즉각 그

를 사살했다. 이로써 49일간의 강릉 대간첩 작전이 종결되었다.

이듬해 장선용 상사는 충무무공훈장을 수상하면서 1계급 특진의 영예를 안았다. 북에서 특수훈련을 받고 침투한 무장공비를 코앞까지 추격하여 2명이나 사살한 그의 무용담은 20년이 지난 지금까지도 특전사 안에서 전설처럼 회자되고 있다.

세계로 가는
특전사

●   우리나라에 처음 공수부대가 생겼을 때, 그 부대원들이 가장 먼저 한 일은 미군에게 강하 훈련을 받는 것이었다. 시설도 없고 교관도 없었으니 미군에 의존할 수밖에 없었다. 그렇게 시작한 특전사지만 지금은 상황이 완전히 달라졌다. 이제는 대한민국의 최강군을 넘어 세계 최강의 특수부대로 인정받게 된 것이다. 이에 따라 최근에는 여러 국가의 특수부대가 우리나라 특전사에 와서 각종 교육을 받고 있다. 2014년에는 바레인의 특수부대원들이 와서 폭파와 산악극복 등의 특수 훈련을 이수하고 돌아갔다.

한미연합 강하를 위해 CH-47D 항공기에 탑승하는 한미 특전대원들

세계 여러 나라의 특수부대들은 또 상호 발전을 위해 연합훈련을 실시한다. 그중에서도 가장 오랜 전통을 자랑하는 연합훈련은 역시 한미 특전사의 연합훈련이다. 지금도 우리나라 특전사 대원들은 미국 현지에 가서 각종 특수전 교육을 이수하고 있으며, 정기적으로 연합훈련도 실시하고 있다.

미국과 우리나라 특전사의 연합훈련은 특히 한반도에서 재발할지도 모르는 전시 상황에 대비한 것으로, 만약 전쟁이 발발할 경우 주한미군 특수작전사령부와 우리나라 특전사는 하나의 부대가 되어 통합 비정규전 임무대로서 작전을 벌이게 된다. 이 통합 비정규전 임무대의 영문 명칭은 CUWTF(Combined Unconventional Warfare Task Force)로, 미군이 아니라 우리나라 특수전사령관이 지휘를 맡게 된다.[3]

이처럼 미군과의 연합훈련 및 전시의 통합 작전을 위해 특전사에서는 대원들에게 미군과의 의사소통을 위한 영어 교육도 시키고 있다. 기본적인 대화 외에 군사 작전에 필요한 용어들이 교육의 핵심이다. 이 책의 말미에 군사 용어 및 주요 약어를 부록으로 실었다.

우리나라 특전사는 미군과의 연합훈련 외에도 영국, 프랑스, 독일, 러시아 등 세계 각국의 특수부대와 연합훈련을 실시하고 있다.

특전사가 우리나라 해외 파병 부대의 주력임은 앞에서도 소개한 바 있다. 베트남 전쟁을 제외하고도 지금까지 약 1만 명의 병력을 해외에 파병하여 한국군의 국제평화유지 활동에서 대들보 역할을 수행하고 있는 부대가 특전사다.

이처럼 우리나라 특전사는 이제 걸음마 단계를 넘어 세계로 웅비하고 있다. 시간이 갈수록 외국 특수부대와의 교류는 더욱 활발해질 것이고, 이들과의 연합훈련 및 경쟁에서 우리나라 특전사의 눈부신 활약도 그만큼 더 돋보일 것이다.

---

3 http://ko.wikipedia.org/wiki/특전사

❶ 한미연합 강하 후 낙하산 회수를 서로 돕는 한
  미 특전대원들
❷ 한미연합 항공화력유도훈련 중 정확한 타격을
  위해 서로 의사소통하는 한미 특전대원들
❸ 한미연합 항공화력유도훈련 중 목표를 타격한
  장면

세계로 가는 우리 특전사 이미 세계 최강의 특수부대 반열에 오른 우리 특전사는 외국 특수부대
와의 다양한 연합훈련에 참여하는 한편, 여러 나라의 특수부대원들을 교육하고 있기도 하다.

❶ 연합훈련에 참가한 특전사의 특수임무부대원들
❷ 특수임무부대의 인도네시아 특수부대 수탁 교육
❸ 아랍에미리트(UAE)와 함께한 연합 고공강하 전 기념 사진

PART 2
인간병기 특전맨의 탄생

● 김환기

대한민국 육군 유일의 특수부대 특전사에는 특수 교육을 이수한 특별한 군인들이 산다. 귀신같이 접근하여 번개같이 타격하고 연기처럼 사라지라는 불가능한 임무를 부여받은 이들은, "안 되면 되게 하라"는 부대 신조를 현실에서 실현해내고자 오늘도 남다른 고통을 참아내며 비지땀을 흘리고 있다. 눈 내리는 산길 백 리를 하룻밤에 내달리고, 파도 일렁이는 바닷길 십 리를 맨몸으로 헤엄치고, 바람 부는 하늘길을 독수리같이 날아다니는 사람들, 이들은 과연 어떻게 태어나는 것일까?

누가 특전사에 가나?

특전사의 주축인 부사관들은 전원 지원자로 선발한다. 고등학교 이상의 학력을 가진 대한민국의 건강한 젊은이라면 누구나 지원할 수 있다. 특전사의 훈련이 혹독하고 엄청난 체력을 요한다는 것을 다들 알고 있지만 해마다 지원자는 늘어나서 요즘에는 경쟁률이 최고 10 대 1에 이를 정도다. 고등학교를 졸업한 뒤 특전부사관과가 개설된 전문대학 등에서 미리 교육과 훈련을 받고 들어오는 젊은이들도 적지 않다. 말하자면 군생활을 위해 대학에 다니는 셈이다. 그만큼 특전사의 부사관이 되는 길은 아무에게나 열린 것은 아니다. 용기와 체력을 겸비한 준비된 젊은이들만이 특전맨의 길을 시작할 수 있다.

그렇다면 특전부사관에 지원할 수 있는 자격은 얼마나 까다로울까? 한 마디로 지원 자격 자체는 전혀 까다롭지 않다. 입대일 기준으로 고졸 이상의 학력만 있으면 되고, 나이는 만 18~27세면 된다. 고등학교를 졸업하고 아직 군대에 다녀오지 않은 젊은이라면 대개 이 연령대에 포함된다. 군대를 미루고 대학원까지 진

학하여 학업을 오래 계속한 사람, 입대를 미루고 연예계 등에서 오래 생활한 사람들의 경우 28, 29세에 군에 입대를 하기도 하는데, 이런 사람들은 특전부사관에 지원할 수 없다. 반대로, 이미 군대를 마치고도 다시 특전부사관에 지원하는 사람도 있다. 이들에게는 입대 가능 연령을 최대 3년까지 연장해준다. 예컨대 2년 이상의 군생활을 마치고 특전부사관에 지원한다면 최고 만 30세까지 지원이 허락되는 것이다.

이외에 체격 조건에 대한 제한도 있는데, 남자는 신장 164cm 이상에 체중 46kg 이상이어야 하고, 여자는 159cm 이상에 50kg 이상이어야 한다. 이는 최저 신장 및 체중에 해당하는 것이고, 신장에 비해 체중이 지나치게 적거나 많은 경우에는 지원이 제한된다. 예를 들어, 신장이 175cm라면 체중은 60~89kg이어야 한다. 신장별로 지원이 가능한 체중의 범위는 〈부록〉에 실린 특전부사관 후보생 모집요강을 통해 확인할 수 있다. 하지만 신장별 지원 가능 체중 범위의 폭이 넓어서 지독한 저체중이나 과체중이 아니라면 체중 자체 때문에

지원이 제한되지는 않는다고 봐도 무방하다.

체격 조건 외에 시력(눈)에도 약간의 조건이 있다. 라식이나 라섹 수술을 한 사람, 안경이나 렌즈를 착용한 사람이라도 지원을 할 수 있지만, 최소한 두 눈의 나안 시력이 0.6 이상이어야 한다. 또 색약이나 색맹인 사람도 특전부사관에 지원할 수 없다.

특전부사관에 지원한 사람들에 대한 신체검사는 병무청의 신체검사와는 별도로 국군병원에서 실시하며, 이 신체검사에서 2급 이상을 받아야 합격이 가능하다.

특전부사관에 지원할 때는 당연히 지원서를 작성하는데, 이때 필요한 서류들과 각종 양식, 접수처 등은 온라인 특전부사관 지원센터(www.swc.mil.kr:444/sfc/index.jsp)에서 확인할 수 있다. 대부분 신분 확인 등을 위한 기초 서류들이며, 고교 생활기록부와 무도단증을 비롯한 각종 자격증 등도 함께 제출한다.

이렇게 자격을 갖춘 지원자가 지원서를 제출하면 선발평가가 실시되고, 이 선발평가의 과정을 통과해야만 특전부사관 후보생으로 입대를 할 수 있다. 선발평가에서는 체력검정(50%), 면접평가(30%), 필기시험(10%), 무도단증(5%), 질적 평가(5%), 이 다섯 가지를 평가하게 된다. 모두 특전부사관이 되기 위한 기본 준비사항을 평가하는 것이므로 지원자들은 반드시 사전에 대강의 내용을 숙지하고 있어야 합격에 유리하다.

먼저 체력평가는 배점이 가장 높은 평가이자 전체 성적의 절반을 차지하는 중요한 평가 항목이다. 총 4개 종목을 평가하여 10개 등급으로 판정한다. 남자의 경우 1등급을 받으려면 1.5km 달리기를 5분 이내에 주파해야 하고, 윗몸일으키기는 90개 이상, 팔굽혀펴기는 80회 이상, 턱걸이는 12회 이상을 할 수 있어야 한다. 여자는 남자와 종목이 다소 다르고(턱걸이 대신 100m 달리기) 기준도 다르다. 여자의 등급별 기준과 남자의 2등급 이하 기준은 〈부록〉의 특전부사관 후보생 모집 요강을 참고하면 된다.

특전부사관은 실전에서 전투를 수행하는 대원일 뿐만 아니라 직업군인이자 간부로 복무할 핵심 요원들이기 때문에 필기시험도 치러야 한다. 군대에서 무슨 필기

시험이냐고 하는 사람들도 있을지 모르지만, 전쟁이나 첩보전, 테러 등을 주제로 한 영화의 주인공들을 생각해보라. 기민한 상황 판단, 명확한 문제 분석, 창의적이고 구체적인 계획 없이는 어떤 작전도 성공할 수 없다는 걸 쉽게 이해할 수 있다. 특전부사관들은 모두 팀원이자 간부로서 적지에서 이런 역할을 수행해야 할 요원들이기 때문에 필기시험은 앞으로의 훈련을 통해 이런 능력을 기를 자질이 있는지 여부를 보기 위한 것이다.

필기시험은 총 3교시로 나누어서 실시되는데, 1교시 시험은 지적 능력을 평가하는 시험이다. 언어논리력, 자료해석력, 공간능력, 지각속도, 이 네 가지를 측정하는 외에 우리나라 근현대사를 묻는 국사 시험도 포함되어 있다. 2교시는 직무성격 검사와 상황판단능력을 평가하는 시험으로 구성되어 있으며, 3교시는 인성검사다. 이상의 3교시를 통해 총 491문항의 문제를 193분간 평가하게 된다.

이런 필기시험은 사실 전체 점수에서 10%의 비율밖에 차지하지 않지만, 학창 시절 늘 시험 때문에 어려움을 겪었던 지원자들에게는 여간 스트레스가 아니다.

무도단증의 경우 5점 만점으로 평가하는데, 1단은 2점, 2단은 3점, 3단은 4점, 4단 이상은 5점이 주어진다. 그런데 이 무도단증의 점수화에는 여러 종목의 단증을 합산하지 않고 최상위 단증을 받은 1개 종목만 반영한다. 예를 들어, 어떤 지원자가 태권도 3단, 검도 2단, 유도 2단의 단증을 보유하고 있다고 하더라도 태권도 3단(4점)만 인정되는 것이다.

질적 평가란 고교 출석, 체질량지수(BMI), 학군제휴학교(특전부사관과, 부사관과) 졸업 여부 등을 종합적으로 심의하여 5점 만점으로 평가한다.

이상의 평가 외에 신원조사 등을 거치고 면접 성적이 합산되면 최종 합격 여부가 결정된다. 그런데 실상 이 평가에서 가장 많은 배점을 차지하는 것이 체력(50%)과 면접(30%)이다. 따라서 정신이 건강하고 지적으로 문제가 없다면 나머지 평가에 너무 큰 부담을 가질 필요 없다.

가입교
- 군인도 아니고 민간인도 아니고

●   특전부사관 선발에 합격하면 마침내 민간인의 옷을 벗고 입대를 하게 된다. 대부분의 육군 병사들이 논산 육군훈련소에 입소하는 것과 달리, 특전부사관 후보생(특부후로 줄여 부른다)들은 경기도 광주에 있는 특수전교육단(특교단)에 입교한다.

그렇다고 바로 본격적인 훈련이 시작되는 것은 아니다. 3박 4일의 가입교 기간이 있는데, 이는 입교자가 정말로 특교단에서 교육을 받을 준비가 되어 있는지를 확인하고 체크하는 기간이다. 해당 젊은이가 진밀로 선발 과정을 제대로 통과한 사람인지 확인하고, 신체 및 정신에 이상이 없는지를 체크하며, 입대에 따르는 제반 행정절차를 이때 진행하게 된다.

가입교 첫날인 목요일에는 입영에 따르는 등록과 신고 등의 행정 절차가 진행되고, 간이 신체검사에 이어 전투복과 속옷 등의 물품이 지급된다.

둘째 날인 금요일에는 4개 종목에 대한 체력검정이 다시 실시되고, 특전 체력 단련 5개 종목에 대한 소개가 있다. 군인이라면 피해갈 수 없는 국군도수체조를 이날부터 배우기 시작하고 파상풍 예장접종도 실시한다.

사흘째인 토요일에는 유격체조를 배우고, 이 과정에서 신체에 이상이 있는 지원자가 없는지를 가려내게 된다. 이 과정을 거친 가입교생들에게는 총기가 수여된다. 군대에 다녀온 사람들은 다 아는 얘기지만 총기 수여식은 그동안 민간인이었던 젊은이들에게 엄청나게 신기하고도 중압감이 느껴지는 행사다. 소총을 받아든 순간부터 젊은이들은 이제 군인이 되었다는 사실을 실감하게 된다.

가입교 마지막 날인 일요일에는 득교단 구석구석을 도보로 답사하고, 다음날 열릴 공식 입교식을 위한 예행연습이 실시된다.

이 나흘간의 가입교 기간에는 또 특전사의 훈련이 어떤 식으로 이루어지는지 소개하는 시간이 있고, 특전사의 신조며 〈검은 베레모〉 등의 군가도 배우게 된다. 말하자면 민간인의 티를 벗고 본격적인 특전사 요원이 되기 위한 준비 기간이다. 그런데 이 가입교 기간이 너무 짧아서 부적격자를 가려내는 데 한계가 있다는 지적이 오래전부터 제기되어왔고, 이에 2015년부터는 가입교 기간을 1주일로 연장할 방침이라고 한다.

검은 베레를 향한 첫발 시켜서 하는 일이 아니다. 큰돈을 벌고 명예를 얻기 위한 도전도 아니다. 국가를 위한 최고의 헌신, 자신의 인생을 바꿀 최고의 기회임을 알기에 두려움에도 불구하고 기꺼이 택한 길이다.

❶ 가입교 후 보급품을 받기 전 설명을 듣는 특전부사관 후보생들.
❷ 보급품 수령
❸ 부모님께 큰절을 올리는 가입교 특전부사관 후보생들.
❹ 생애 첫 국군 도수체조 훈련
❺ 가입교 기간의 정신교육
❻ 특전사부사관교육대 입교식을 준비하는 가입교 장정들

누구나 할 수 있다면
도전하지 않았다

● 　　가입교 절차가 끝나면 본격적으로 특전맨이 되기 위한 훈련이 시작된다. 15주 동안 진행되는 이 기초 훈련 과정을 흔히 양성 과정이라고 부르며, 그 첫 5주는 '군인화 과정'이라고 불린다. 이름 그대로 민간인을 군인으로 변화시키는 단계의 교육이 이 기간에 이루어진다. 사회와는 구성 및 운영 방식이 완전히 다른 곳이 군대다. 따라서 군인이 되고자 하는 모든 젊은이는 군대만의 생활 방식과 군인에게 요구되는 체력 및 전투기술을 익혀야 한다. 먹고 자고 생활하는 모든 일상생활에서 군인이 지켜야 할 절도와 예절을 배우고, 제식과 사격 등 군복을 입은 사람들이 반드시 알아야 할 모든 것을 이 첫 5주 동안에 배우게 된다.

큰 틀에서 보자면 군인화 과정의 5주 훈련은 논산 육군훈련소에서 모든 장정들이 공통적으로 받는 것과 크게 다르지 않다. 하지만 특수전교육단(특교단)에서 부사관 후보생들이 받는 훈련은 두 가지 점에서 논산 육군훈련소의 그것과는 큰 차이가 있다. 첫째는 이들이 일반 육군이 아니라 육군의 유일한 특수부대인 특전사에 입대한 것이니만큼 각종 특수전 교육을 받을 기초 준비가 이 기간에 이루어져야 하기 때문에 훈련의 강도가 논산 육군훈련소의 그것과는 비교가 되지 않는다. 그런데 이런 고강도 훈련을 소화할 수 있는 가장

근본적인 준비란 바로 체력의 준비와 다르지 않다. 따라서 특교단은 교육의 시작과 함께 후보생들에게 엄청난 체력 단련을 시킨다. 어떠한 환경, 어떠한 악천후에서도 살아남아 맨몸으로 적을 제압할 수 있는 최강의 특전맨을 양성하기 위한 첫 단계가 바로 이 체력 단련인 것이다.

후보생들은 새벽에 깨어나자마자 뜀걸음으로 하루를 시작하는데, 처음에는 5km부터 뛰게 된다. 아직은 민간의 생활 방식에서 완전히 벗어나지 못한 상태고, 체력 역시 충분히 길러진 상태가 아니기 때문에 기초부터 시작하는 것이다. 이렇게 짧은 거리부터 시작해 점차 거리를 늘려감으로써 후보생들의 체력은 하루하루 점진적으로 강화된다. 특교단에서 생활하는 동안 후보생들은 아침저녁으로 평균 10km 이상을 매일 뛰게 된다. 체력 단련을 위한 공식적인 뜀걸음 외에도 사실 후보생들의 일과는 뛰고 달리기의 연속이다. 식사를 하러 갈 때면 산 위의 훈련장에서 식당까지 뛰어야 하고, 식사를 마친 뒤에는 다시 산 위의 훈련장까지 뛰어야 한다. 물론 연병장이나 훈련장에서 이루어지는 모든 훈련들 역시 체력 단련으로 시작해서 체력 단련으로 끝난다. 끝없는 선착순과 팔굽혀펴기, 오리걸음과 구보가 반복된다. 소리가 작아서 선착순이요 동작

특전부사관 후보생들의 독도법 훈련 자기가 선 자리와 갈 곳을 명확하게 아는 자만이 전장에서 살아남을 수 있다. 특선부사관 후보생들은 오늘도 뙤약볕과 한파 속에서 자신이 가야 할 길을 찾아 산과 들판을 헤치며 나아가고 있다.

이 서로 맞지 않아서 PT체조다. 한겨울에도 땀이 마를 날이 없고 한여름이면 아무리 체력이 좋은 젊은이라도 탈진하기 일쑤다. 게다가 후보생 시절에는 주 2회 이상 서킷 트레이닝(circuit training)을 하도록 되어 있다. 타이어 끌고 달리기, 턱걸이, 외줄 오르기, 팔굽혀펴기 등으로 구성된 특전사만의 체력 단련 프로그램이 서킷 트레이닝이다. 이런 종목들을 순서에 따라 반복적으로 순환(circuit)하기 때문에 서킷 트레이닝이라는 이름이 붙었다.

특교단의 첫 5주가 어려운 또 하나의 이유는 이들이 일반 병사가 아니라 군의 간부이자 특전사의 주력인 부사관 후보생들이기 때문이다. 따라서 이들이 익혀야 할 군 관련 용어와 전술 개념 자체가 일반 병사의 그것과 다르고, 예절 또한 일반 병사의 그것과 다르다. 그만큼 외우고 익혀야 할 것들이 많다는 것이다. 신병 훈련을 경험한 모든 예비역들은 기억할 것이다. 몸으로 때우는 훈련보다 머리까지 동원해야 하는 암기가 얼마나 어려운지 말이다. 게다가 군에서는 모든 학습에 정해진 기일과 시간이 있기 때문에 잠을 자고 밥을 먹으면서도 암기를 해야 한다.

이렇게 5주간의 군인화 과정을 비몽사몽 끝내고 나면 드디어 특전부사관 후보생으로서의 본격적인 훈련이 기다리고 있다. 10주간 진행되는 이 '신분화 과정'의 첫 훈련은 공수기본교육이다. 3주간 진행되는 이 공수기본교육은 한 마디로 비행기에서 낙하산을 타고 지상으로 침투하는 과정을 익히는 훈련이다. 공수부대로도 불리는 특전사의 모든 구성원들은 장교든 일반 병사든 이 공수기본교육을 반드시 이수해야 한다. 공

특전부사관 후보생들의 각종 훈련들 특전용사가 된다는 것은 남다른 체력을 바탕으로 일반 병사들이 해낼 수 없는 특수작전 수행 능력을 기른다는 의미에 다름 아니다. 체력, 전투기술, 정신력의 극한을 경험케 하는 각종 교육들이 후보생 시절에 이루어진다.

❶❷❸ 체력단련
❹ 제식훈련
❺ 수류탄투척훈련
❻ 포박술 실습
❼ 초병 근무 실습

수기본교육을 이수하지 않으면 누구도 특전사의 일원이 될 수 없다. 말하자면 공수기본교육을 이수하고 달게 되는 공수 휘장은 특전사 구성원의 기본 자격증인 셈이다. 따라서 특진사의 핵심이 될 부사관 후보생들 역시 첫 훈련으로 이 공수기본교육을 받게 되는 것이다. 공수기본교육을 이수하지 않으면 누구도 다른 특전 교육을 받을 수 없고, 설령 받는다 할지라도 특전맨이 될 수 없다. 기본 자격 미달인 것이다. 아무리 태권도가 10단이고 체력이 슈퍼맨이라도 소용없다.

3주간의 공수기본교육이 끝나면 공통 주특기훈련과 특수작전에 대한 소개 교육이 7주간 진행된다. 특전맨의 기본기인 공수교육이 끝난 상태에서 특전사 요원들에게 필요한 전투력의 핵심이 무엇이고 특수작전의 특징이 무엇인지를 배우는 것이다. 이론적인 교육 외에

후보생들은 이 기간에 침투, 정찰, 타격, 공중재보급, 개인화기, 독도법 등을 몸으로 익힌다.

이론과 실기가 병행되는 이 교육에서도 역시 핵심은 체력이다. 공수교육을 비롯한 특교단의 모든 훈련에서 체력은 시작이자 마무리라고 해도 과언이 아니다.

이렇게 15주 동안 끊임없이 이어지는 자기와의 싸움, 체력과의 싸움, 정신력과의 싸움을 끝내고 나면 후보생들은 드디어 꿈에 그리던 하사 계급장을 가슴에 달고 머리에는 검은 베레를 쓰게 된다. 비로소 명실상부한 특전맨이 되는 것이다.

그런데 현재 15주의 교육기간에 2015년부터는 신분화 단계의 교육이 2주 추가되어 2015년부터 총 17주간 훈련이 실시된다.

서킷 트레이닝 후보생 시절에는 주 2회 이상 서킷 트레이닝을 하도록 되어 있다. 벽넘기, 타이어 끌고 달리기, 턱걸이, 외줄 오르기, 팔굽혀펴기, 통나무 건너기 등으로 구성된 특전사만의 체력 단련 프로그램이 서킷 트레이닝이다.

주특기와
자대 배치

●   15주 양성 과정의 막바지에 후보생들은 개인별로 주특기를 부여받고 앞으로 근무하게 될 부대, 속칭 자대도 배치받게 된다.

특전부사관 후보생들이 받게 되는 주특기는 화기, 통신, 의무, 폭파, 정작(정보작전), 이 다섯 가지 가운데 하나다. 주특기는 본인의 의사와 사회에서 획득한 자격증 등을 참고하고, 훈련 과정의 성적 등을 반영하여 최종 결정하게 된다. 본인의 의사와 훈련 성적 등이 주특기 부여의 핵심적인 기준이 되기는 하지만, 특전사 전체 차원에서 다섯 가지 주특기가 골고루 편제되어야 하기 때문에 순전히 개인의 의사에만 의존하지는 않는다. 자기 마음대로 정하는 게 아니라 특전사 전체 차원에서 개인의 주특기를 정하는 것이라고 이해하면 된다.

주특기와 더불어 후보생 시절에 정해지는 또 하나의 중요한 사항이 바로 어느 여단에서 근무하게 될 것인가 하는 자대 결정이다. 서울 인근의 여단들을 특전사에서는 재경여단이라 부르고, 충청북도나 전라도에 주둔한 여단을 흔히 컨추리(country)여단이라 부른다. 그러나 지방에 있는 여단들 역시 완전 시골이 아니라 도시를 끼고 있기 때문에 컨추리라는 별칭은 큰 의미가 없다고 볼 수 있다. 아무튼 각 개인이 근무하게 될 여단 역시 후보생 시절에 최종 확정되는데, 특전사는 애초에 각 여단별로 지원자를 모집하고 선발하기 때문에 어느 여단을 통해 지원했느냐가 가장 중요한 요소다. 하지만 모두가 반드시 지원한 여단에 갈 수 있는 것은 아니고, 임관 시기의 특전사 전체 소요에 맞추어 최종 결정된다.

특수임무부대나 국제평화지원단에 배속되기를 희망하는 인원들이 많아서 이 두 부대의 경쟁률은 그만큼 치열하다.

백발백중 명사수가 되기 위해 특전사만큼 다양한 화기를 동원하여 사격술을 연마하는 부대는 없다. 어떤 환경에서든 각종 화기를 동원하여 적을 제압하고 스스로를 보호해야 하기 때문에 심지어 적군의 화기까지 다룰 줄 알아야 한다. 사진은 피카티니 레일(Picatinny Rail)을 장착하고 손잡이를 부착한 신형 K-2C 소총으로 사격훈련을 하고 있는 모습이다.

"번개같이 쳐라!" 특전사의 전투요원들은 화기, 통신, 폭파, 의무, 정작, 이 다섯 가지 주특기 가운데 하나를 부여받는다. 왼쪽 사진은 정작 주특기를 부여받은 특전부사관 후보생들이 임무 수행에 관한 정보를 수집하고 전체적인 작전을 수립하기 위해 훈련하는 모습이고, 오른쪽 사진은 폭파 주특기를 부여받은 특전부사관 후보생들이 스커드 모형에 폭약을 설치하는 폭파훈련 모습이다.

"저기가 타격 지점!" 폭약으로 폭파할 수 없는 대형 시설이나 접근이 불가능한 시설 등에는 아군의 항공 화력을 유도해야 한다. 이때 반드시 필요한 것이 통신이다.

특전맨의
특별한 신고식

특전사에서는 2개월 단위로 임관식이 치러진다. 말하자면 기수별로 2개월 정도 차이가 나는 셈이다. 이들은 앞서 소개한 15주간의 양성 교육을 마친 후 부사관의 막내인 하사로 임관하게 되는데, 특전사의 부사관 임관식은 그 특별하고도 감동적인 모습 때문에 일반 언론에도 자주 소개될 정도다. 2014년 7월 11일에 진행된 제211기 특전 부사관 임관식에 직접 찾아가 봤다.

임관식이 열리는 경기도 광주의 특교단은 이른 아침부터 술렁였다. 행사가 진행될 대연병장 주변 에는 새로운 특전맨들의 탄생을 축하하는 애드벌 룬이 춤을 추고 있었고, 곳곳에 현수막이 붙어 있 었다. 부대라기보다는 성대한 졸업식장이나 놀이 공원을 연상시키는 분위기다.

본격적인 행사가 진행되기 두어 시간 전부터 축 제 분위기는 한껏 달아오르기 시작했다. 세계 최강 의 특전용사가 된 아들딸과 애인의 늠름한 모습을 보기 위해 가족과 친구들이 속속 부대 안에 모여 들기 시작했고, 새파란 잔디밭에서는 어린 아이들 이 강아지와 함께 이리저리 뛰어다니며 즐거운 비 명을 올렸다.

외부의 손님들을 위한 특교단의 특별 배려도 눈 에 띄었다. 이날에는 특전맨들이 사용하는 각종 무 기 전시회와 6·25 사진전이 열리고 있었다. 어른 들은 자기 자식이나 조카들이 사용하게 될 특전사 의 최신형 무기들을 둘러보고 교관의 설명을 들으 며 고개를 끄덕이고 있었고, 청소년들은 난생 처음 보는 총기와 무전기와 단검에 눈이 팔려 정신이 없다. 연병장이 비좁을 정도로 많은 사람들이 부대 를 가득 메우고 있었다.

임관식의 식전 행사로 의장대의 시범이 시작되 자, 군중들은 속속 대연병장 근처의 나무그늘 밑으 로 삼삼오오 손을 잡고 모여들었다. 군악대의 연주 에 맞추어 의상대의 묘기에 가까운 시범이 30분쯤 이어졌고, 사람들은 박수갈채와 더불어 환호성을 내질렀다. 그들의 얼굴은 기대와 초조함으로 더없 이 흥분되어 있었다.

의장대 시범에 이어 특교단 소속 교관들의 기구 강하 시범이 이어졌다. 하늘 위에 나타난 거대한 코끼리 모양의 기구에서 교관들이 차례로 하늘을 박차고 공중에 솟구쳐 오르자 사람들의 입에서는 일제히 탄성이 터져나왔다. 이어 능숙하고도 현란 하게 낙하산을 조정하여 땅에 착지하는 모습에는 누가 먼저랄 것도 없이 박수갈채가 쏟아졌다.

경 특전부사관 임관 축

새개전장에 특전부사관 영관을 축하합니다!

'사나이 태어나서 한번죽지 두번죽나'
절대충성 절대복종·임무완수

하늘보다 더 높은 검은 베레의 꿈 15주간의 혹독한 양성 과정을 마친 후보생들은 마침내 하사 계급을 달고 명실상부한 특전맨, 검은 베레가 된다. 사진은 임관식의 막바지에 부사관들이 검은 베레를 일제히 하늘 높이 던져 올리며 환호하는 모습.

교관들의 기구 강하가 끝난 오전 11시 정각, 어디선가 우렁찬 군가 소리가 들리기 시작했다. 이어 오와 열을 맞춘 후보생들이 군가와 함께 보무(步武)도 당당하게 차례로 연병장에 나타났다. 정복을 갖춰 입은 후보생들이 등장하자, 가족들은 다시금 환호와 박수갈채를 보냈다. 관중들과 후보생들의 거리가 멀어서 자기 자식이나 애인이 어느 줄에 서 있는지 보이지 않을 텐데도 사람들은 손을 흔들고 휘파람을 불며 열광하고 환호했다.

이날 임관한 후보생들은 6 대 1의 경쟁률을 뚫고 후보생이 된 뒤 찬바람 불던 3월 27일에 입영하여 15주간의 극악한 훈련을 마치고 마침내 한여름 뙤약볕 아래 임관식을 하고 있는 것이었다. 체력, 정신력, 전투기술 등 모든 면에서 최고 난이도의 훈련을 소화한 이들의 당당한 걸음과 힘찬 함성은 이들이 이미 어떠한 상황에서도 임무 수행이 가능한 특전맨이 되었음을 여실히 보여주고 있었다. 창끝처럼 날카롭고 칼날처럼 서늘한 인간병기의 모습이 멀리서도 한눈에 확인되었다.

임관식에서 전인범 특수전사령관은 "오늘 임관하는

특전부사관들은 영예로운 임관을 계기로 특전사의 역사와 전통을 계승하고 창조적으로 발전시켜나갈 주역이 되었다"며 축하의 메시지를 전했다. 이어 "지금 이 순간부터 특전사의 핵심 가치를 항상 가슴에 새기고 절대충성, 절대복종, 혼을 나누는 의리, 백절불굴의 투지를 갖춘 정예 특전용사가 되어달라"는 부탁을 잊지 않았다.

사령관의 훈시가 끝나자 교관과 특전사 선배들, 그리고 가족들이 삽시간에 도열한 후보생들에게로 달려나갔다. 흙먼지가 이는 가운데 선배와 가족들이 후보생의 가슴에 첫 계급장, 피와 땀이 어린 하사 계급장을 달아주었다. 이로써 이들은 마침내 후보생의 신분에서 벗어나 세계 최강 군대 대한민국 특전사의 핵심, 불가능을 가능케 하는 특전맨이 된 것이다.

행사가 끝나자 임관식에 참석한 초임 하사들은 검은 베레모를 일제히 하늘로 던져 올리며 연병장이 떠나가도록 함성을 내질렀다. 가족이 아닌데도 보고 있는 사람들의 코끝이 찡해지고 눈시울이 붉어질 정도로 아름다운 장면이었다.

"드디어 특전맨이 되었다!" 임관식을 마친 특전부사관들이 가족들을 향해 질주하고 있다. 아무도 이들의 꿈을, 이들의 패기를, 이들의 도전을 가로막을 수 없다.

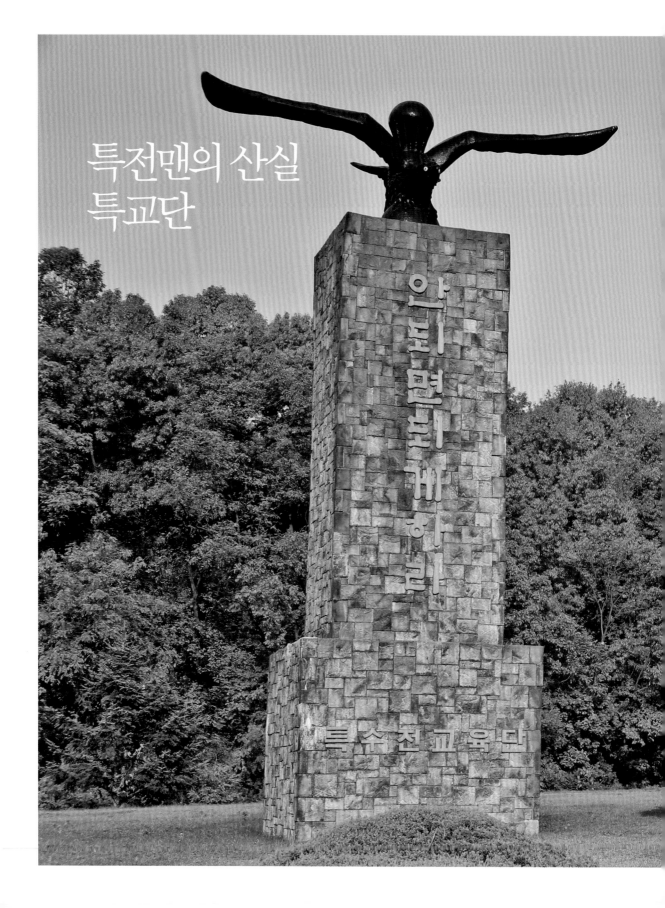

특전맨의 산실
특교단

●　　　임관식을 마친 막내 하사들에게는 1주일간의 휴가가 주어진다. 세상에 태어나서 처음 맞보는 가장 달콤한 휴식 시간이자 총알보다 빨리 지나가는 아쉬운 시간이다. 이 천금보다 귀한 첫 휴가가 끝나면 특전맨들은 자대로 가는 대신 다시 특교단에 입교한다. 정식 하사 계급장을 달고 첫 보수교육을 받기 위해서다. 11주 동안 진행되는 이 특수전 기본 과정까지 마친 뒤에야 특전맨들은 저마다의 여단으로 흩어져 각자의 팀에서 팀원으로 활동하게 된다.

신임 하사들이 받는 특수전 기본 과정의 첫 5주는 주특기훈련이다. 화기, 의무, 통신, 폭파, 정작(정보작전), 이 다섯 가지 주특기 가운데 어느 주특기를 받았는지에 따라 개인별로 훈련 내용이 다르고, 이때 받은 교육 내용이 개인의 임무이자 앞으로의 군대생활에서 주로 맡게 되는 저마다의 역할이 된다. 특전사는 아군의 지원을 받을 수 없는 지역에서 팀 단위로 작전을 전개하기 때문에 10여 명의 팀 안에서 필요한 모든 임무와 역할을 수행해야 하고, 이에 맞추어 선택된 것이 위의 다섯 가지 주특기다. 화기 주특기의 경우 저격용 소총을 비롯한 각종 살상무기를 다루고, 의무 주특기는 부상자 처치와 후송 등을 담당한다. 통신은 위성 무전기를 비롯한 각종 통신장비를 운용하고, 폭파 주특기는 문자 그대로 건물이나 교량 등의 시설물을 폭파하는 역할을 맡는다. 정작(정보작전) 주특기는 작전 계획 수립과 방향 탐지 및 유지 등의 역할을 수행한다. 항공기로 하여금 특정 지역에 정밀 폭격을 가하도록 유도하는 역할도 정작 주특기의 임무 가운데 하나다. 이처럼 저마다 부여된 주특기별 임무를 실전에서 수행할 수 있도록 만드는 훈련이 주특기교육이다. 의무, 통신, 폭파 등의 임무는 특전사뿐만 아니라 해병대나 해군의 특수부대인 UDT 등에도 필요한 임무여서 이들 부대의 대원들도 특교단에 위탁교육을 온다.

특수전 기본 과정의 나머지 6주는 특수작전 훈련이다. 권총에서 저격용 소총에 이르는 각종 전술화기교육이 첫 주에 이루어지고, 2주차와 3주차에는 생존훈련이 실시된다. 산속에서 진행되는 생존훈련을 통해 대원들은 팀 단위로 적지에 침투하여 각종 임무를 수행하는 법을 익히게 되는데, 훈련의 명칭에서도 짐작되는 것처럼 그야말로 악전고투의 연속이다. 먹고 자는 기본적인 활동을 2주 동안이나 산속에서 스스로 해결해야 하고, 그 와중에도 침투, 폭파, 저격, 탈출 등의 주어진 임무를 밤낮없이 수행해야 한다. 여름에는 탈진을 걱정하고 겨울에는 동사를 염려해야 할 상황에서 훈련이 이루어지기 때문에 대원들이 느끼는 고통은 이만저만이 아니다. 평지가 아니라 길도 없는 산속에서 이동하고 잠자고 생활하다 보니 곳곳에 멍이 들고 알이 박힌다. 그 와중에 교관들은 날쌘 군견을 풀어 대원들의 은신처를 수시로 헤집어놓는다. 땡볕에도 산에 올라야 하고 캄캄한 밤에도 계곡을 건너야 한다.

생존훈련이 끝나면 격리지역활동훈련이 이어진다. 적지의 한복판으로 침투하여 임무를 수행해야 하는 특전맨들에게 적의 눈과 귀를 피해 활동하는 법을 교육하는 훈련이다. 람보처럼 소리 없이 움직이고 어떤 흔적도 남기지 않는 법을 이때 배우게 된다.

5주간의 주특기훈련, 1주일의 전술화기훈련, 2주일의 생존훈련, 1주일의 격리지역활동훈련이 끝나면 대망의 천리행군이 이들을 기다리고 있다. 예전의 천리행군은 자대에서 이루어졌으나, 2014년부터 특수전 기본 과정 가운데 하나로 편성되고, 지격화 과정으로 바뀌었다. 특전사의 모든 구성원이 공수기본교육을 마쳐야 하는 것처럼, 특전사의 모든 부사관들은 천리행군을 마쳐야 하고, 대신 한 번 천리행군을 완주했다면 다시 받을 필요가 없게 된 것이다. 천리행군에 대해서는 뒤에서 좀 더 자세하게 소개할 예정이지만, 특전맨들이 받는 훈련 가운데 가장 혹독하고 체력적으로 견디기 어려운 훈련이 바로 이 천리행군이다. 가입교와 더불어 시작되는 특교단에서의 체력 단련은 사실 이 천리행군을 마칠 수 있을 정도의 체력을 기르는 데 목표가 맞추어져 있다고 해도 과언이 아니다. 특수전 기본 과정의 하이라이트가 바로 천리행군이다. 천리행군이 끝나면 마지막 1주일이 남는데, 정비 및 이론 교육이 주를 이룬다.

가입교 3박 4일, 15주의 양성 과정, 11주의 특수전 기본 과정이 끝나면 특전맨들은 드디어 각자의 여단에 배치되고 팀원으로서의 생활을 시작하게 된다. 이렇게 모든 특전맨들이 최소한 26주 이상 머물며 첫 검은 베레로서의 삶을 시작하는 곳이 바로 특교단이다. 말하자면 모든 특전맨들의 친정 같은 곳이다.

특전부사관 후보생들의 첫 입영 부대이자 이들이 일기당천(一騎當千)의 특전맨으로 태어나는 특교단은 경기도 광주에 위치하고 있다. 특전사 요원의 양성을 기본 임무로 하는 부대여서 모든 특전맨들이 반드시 이 부대를 거치게 된다. 게다가 이 부대는 특전사 요원 외에 타 부대원들에 대한 특수전 교육도 담당하고 있다. 따라서 특전사 소속이 아닌 사람들도 수시로 이 부대에서 훈련을 받는다. 365일 훈련이 계속되는 부대, 수많은 사람들이 모여 다양한 훈련을 받는 곳이 바로 이 특교단이다. 그만큼 오고가는 사람도 많아서 특교단 PX의 매출이 전군 최고라는 소문이 있을 정도다. 사병들이 이용하는 일반 부대의 PX와 달리 이곳의 PX는 공무원 월급을 받는 부사관들이 주로 이용하고, 훈련의 강도에 비례하여 이들이 먹고 마시는 양도 일반 병사들의 그것보다 훨씬 많기 때문에 생겨난 말인 듯하다.

특교단은 우선 앞서 소개한 것처럼 특전부사관 후보생들을 부사관으로 양성하는 기본 교육을 맡고 있다. 이렇게 양성된 하사들은 다시 이곳에서 11주의 특수전 기본 과정을 이수한다. 훗날 하사에서 중사로 승진을 하면 특수전 전문 과정을 이수해야 하는데 역시 특교단에서 훈련이 이루어진다. 상사로 승진하면 받게 되는 특수전 고급 과정 역시 특교단에서 진행된다. 이런 필수 자격 과정의 교육 외에 특교단은 각종 선택 자격 과정의 교육도 담당한다. 강하조장(점프 마스터)교육, 고공기본(HALO)교육, 고공강하조장교육, 탠덤 교육, 해상척후조(SCUBA)교육, 산악전문(RANGER)교육, 비정규전교육, 항공화력유도(SOTAC)교육, 저격수교육, 특전의무전문교육, 낙하산포장정비교육 등이 대표적이다. 특전맨들이 수료해야 하는 모든 기초 훈련과 각종 자격 관련 훈련 대부분이 특교단에서 이루어지는 셈이다. 물론 주특기훈련, 종합전술훈련 등 기본적인 훈련의 상당 부분은 각 여단에서 이루어진다.

이처럼 특전맨을 위한 각종 훈련 외에 특교단에서는 특전사 소속 장교나 병사들의 공수교육이 이루어지고, 육사 생도 등 외부인들의 공수교육도 이루어진다. 이처럼 공수교육을 포함한 각종 특수전 교육이 필요한 타 부대 대원들도 특교단으로 위탁교육을 오기 때문에 항상 다양한 군인들로 붐비는 곳이 특교단이다. 주말이면 군인뿐만 아니라 활강 등 레포츠를 즐기기 위한 민간인들의 출입 요청까지 쇄도한다.

이렇게 다양하고 많은 교육생들의 교육 훈련을 담당하는 동시에 각종 특수전 관련 전술과 교육법을 연구하는 곳이 또한 특교단이다. 그만큼 최고의 경험과 전문성을 겸비한 교관들이 포진하고 있다.

공수기본교육
- 하늘로 뛰어 솟아 구름을 찬다

"더 이상의 두려움은 없다!" 공포를 이기고 C-130 항공기에서 새처럼 날아
한 떨기 꽃처럼 떨어지는 특전맨들이 파란 하늘을 수놓고 있다.

　　　　공수부대라는 별칭에 걸맞게 특전사의 모든 부대원들은 공수교육을 이수해야 한다. 공수와 관련된 교육은 사실 한 가지가 아니어서 공수기본, 강하조장, 고공기본, 고공강하조장, 텐덤 등 여러 종류다. 이 가운데 모든 특전사 구성원들이 필수적으로 받아야 하는 교육이 바로 공수기본교육이며, 일반인들이 공수교육이라고 부르는 것이 바로 이 공수기본교육이다. 특전부사관 후보생들의 경우 군인화 과정이 마무리된 6주차부터 이 공수기본교육을 시작한다. 특전사에 배치된 병사와 특전사로 전입해온 장교 가운데 전에 이 교육을 이수하지 않은 사람도 3개월 이내에 필수적으로 이 교육을 받아야 한다.

　　오래전부터 악명 높았던 공수교육은 사실 그 준비 단계부터가 만만치 않다. 3주간의 교육에 앞서 예비 교육생들은 우선 두 가지 테스트를 거쳐야 한다. 첫 번째 테스트는 공수교육을 받을 기본 체력이 되는가를 평가하는 것이다. 팔굽혀펴기, 윗몸일으키기, 1.5km 달리기, 이 세 종목을 평가하는데, 이 테스트를 통과하지 못하면 교육 자체를 시작할 수 없다. 테스트 통과 기준은 육군 부사관 체력 검정 3급 이상이다. 이 3급 이상을 받으려면 우선 1.5km를 6분 28초(여자는 7분 59초) 이내에 뛰어야 한다. 팔굽혀펴기는 64회(여자는 31개) 이상, 윗몸일으키기는 74회(여자는 59회) 이상 해야 한다.

　　두 번째 테스트는 흔히 막타워로 불리는 모형탑에서 이루어지는 고소공포증 테스트다. 인간이 가장 공포심을 느낀다는 11m 높이의 모형탑에서 낙하산 줄처럼 몸에 매달린 두 가닥 줄(라이자)에 의지하여 공중으로 도약할 수 있는가를 평가하는 것이다. 안전장치가 충분하기 때문에 사고가 날 확률은 거의 제로지만, 지면이 발밑으로 까마득히 내려다보이기 때문에 더러 공포심을 이기지 못하고 끝내 도약하지 못하는 사람들이 있다.

　　군인정신으로 무장한 대부분의 사람들은 이 고소공포증을 이겨내지만 공포심을 이기지 못해 뛰어내리지 못하는 사람은 역시 공수교육을 시작할 수 없다. 공수교육을 시작하지 못하면 부사관이든 병사든 당연히 특전사의 일원이 될 자격 자체가 주어지지 않는다.

　　테스트를 통과한 사람들은 3주간의 본격적인 공수기본교육을 시작하게 되는데, 특전단에서 이루어지는 공수기본교육의 교육생들은 크게 두 가지 형태의 팀으로 나뉜다. 하나는 부사관 양성 과정 중에 있는 특전부사관 후보생들만으로 이루어진 팀이다. 아직 계급장도 없는 후보생 신분인 데다가 장차 특전맨이 될 교육생들만으로 이루어진 팀이기에 가장 엄격하고 혹독하게 훈련이 이루어진다. 다른 하나는 특전사에 배치된 병사들, 특전사로 전입해온 장교들, 육사생도나 3사관학교 생도 등으로 구성되는 소위 짬뽕팀이다

　　공수기본교육 역시 체력 단련으로 시작된다. 체력은 모든 훈련의 기본이어서 교육생들은 아침부터 저녁까지, 아니 새벽부터 밤까지 잠자는 시간을 제외하고는 한시도 체력 단련에서 자유로울 수 없다. 두꺼운 산악복을 입고, 혹은 웃통을 벗어젖힌 채 뛰고 달리고 기고 매달리기를 반복하노라면 겨울에도 온몸에 땀이 흥건해진다.

체력 단련에 이어 가장 먼저 시작하는 공수교육의 걸음마 단계가 착지훈련이다. 문자 그대로 공중에서 낙하산을 타고 내려와 땅에 착지하는 순간에 몸을 어떻게 해야 충격을 덜 받게 되는가를 몸으로 익히는 교육이다. 이 훈련을 제대로 하지 않으면 실제 강하에서 발목을 다치거나 더 큰 부상을 입을 수 있기 때문에 착지자세가 자동으로 이루어질 수 있도록 반복에 반복을 거듭한다.

착지훈련은 연병장의 맨땅에서 시작한다. 좌우 두 발의 발끝을 붙이고, 무릎도 붙이고, 발끝부터 땅에 착지한 뒤 무릎을 구부리면서 몸을 굴리는 동작을 기초부터 배우게 된다. 한 마디로 이전에 해보지 않은 자세를 익혀야 하고, 요령은 반복에 반복을 거듭하는 수밖에 별다른 길이 없다. 그야말로 하루 수천 번씩 맨땅을 굴러야 한다.

이어서 어느 정도 자세가 잡히면 낮은 단상 위에서 땅으로 뛰어내리는 동작을 연습하고, 이것이 익숙해지면 1m 정도 높이의 착지대 위에서 땅으로 뛰어내리며 몸을 굴리는 연습을 하게 된다. 낙하산 줄을 잡은 것처럼 두 팔을 하늘로 치켜들고 이런 동작을 하루에 수백 번씩 반복한다. 착지대 위에서 뛰어내리는 훈련을 할 때는 "앞꿈치! 무릎!"이라는 구호를 동시에 외치면서 반복하는데, 발의 앞쪽 끝과 무릎을 붙이는 것이 가장 중요하기 때문이다.

착지를 할 때는 앞꿈치, 장딴지, 허벅다리, 엉덩이, 반대편 어깨 뒷근육의 5개 착지 부위가 차례로 땅에 닿도록 해야 한다. 또 낙하산을 타고 내려오는 동안 바람이 어느 방향에서 불지 알수 없기 때문에 다양한 상황을 가정하고 착지훈련을 하게 된다. 즉, 앞에서 맞바람이 불 때, 뒤에서 불 때, 좌측에서 불 때, 우측에서 불 때, 바람이 불지 않을 때의 모든 상황에 따른 착지자세를 익혀야 하기 때문에 착지훈련은 하루 이틀에 끝나는 게 아니다.

요즘 공수교육에서는 체력 단련을 위해 주로 PT체조를 많이 시키는데, 예전에는 사실 선착순과 기합이 체력 단련의 주를 이루었다.

"목소리가 그것밖에 안 나옵니까?"

교관이 교육생들에게 불만 섞인 고함을 내지르면 이내 선착순이 시작되곤 했다.

"전방에 보이는 착지대를 돌아서, 좌측의 기체문 교장을 돌아서, 우측의 공중동작 교장을 돌아서, 사열대 앞까지 선착순 한 명. 뛰어 갓!"

그러면 교육생들은 혼신의 힘을 다해 연병장을 돌아야 했다. 그렇게 해서 살아남는 사람은 단 한 명. 나머지는 다시 같은 방식으로 선착순의 반복이다. 문제는 선착순에서 일등을 하고도 쉴 수 있는 것은 아니라는 점이다. 선착순에서 살아남은 교육생들은 선착순 달리기 대신 PT체조를 해야 했다.

이렇게 앞으로 취침과 뒤로 취침, 선착순을 반복하다 보면 교육생들은 얼이 빠지곤 했던 곳이 공수교육장이었다. 얼마나 선착순이 많았는지 5분 코스니 10분 코스니 하는 코스가 별도로 정해져 있을 정도였다.

게다가 잠깐 휴식이 주어져도 그늘을 찾아 "공수, 공수, 공수……!"를 외치며 구보로 연병장을 가로질러 산속의 그늘로 뛰어야 했고, 휴식이 끝나면 역시 마찬가지로 구호를 외치며 다시 연병장에 집합해야 했다.

공수교육의 1주차와 2주차에는 착지훈련과 더불어 공중동작훈련이 이루어진다. 낙하산을 타고 하늘에서 내려올 때 공중에서 발생할 수 있는 모든 상황에 대처하는 방법을 배우는 훈련

공수교육장에서의 체력 단련 특전맨이 되기 위한 첫 관문은 공수교육이고, 공수교육의 첫 관문은 체력이다. 특전부사관 후보생들이 본격적인 공수교육에 앞서 체력을 단련하고 있다. 비가 와서 젖은 땅에도 아랑곳하지 않고 일부러 주먹을 쥐고 팔굽혀펴기를 하는 후보생의 진지한 표정에서 결연한 의지가 엿보인다.

이다. 공중에서 자세를 잡는 법, 낙하산의 좌우 줄을 당겨 방향을 전환하는 법, 주 낙하산이 펴지지 않았을 경우 가슴에 있는 예비 낙하산을 펴는 법 등이다. 이 훈련을 위한 장치가 공수교육장에 마련되어 있고, 교육생들은 이 장치에 대롱대롱 매달린 채 실제 낙하산에 매달린 것과 동일한 상황을 경험하게 된다. 공중동작에 이어 땅에 착지하는 과정까지를 되풀이하는데, 생각보다 결코 쉬운 훈련이 아니다.

착지 및 공중동작훈련과 더불어 기체문이탈훈련도 행해진다. 한 마디로 비행기에 타고 있다가 낙하산을 메고 비행기 밖으로 뛰어내리는 단계를 익히는 훈련이다. 비행기에서는 자세를 바로 하고 있어야 낙하산 줄이 꼬이지 않게 되고, 단체로 뛰어내릴 때에는 순서와 간격 등을 정확히 맞추어야 한다. 이를 위한 훈련이 기체문이탈훈련이며, 교장에 마련된 헬기와 수송기의 모형 문에서 이 훈련을 반복 숙달하게 된다. 이런 일련의 공중동작 및 기체문이탈훈련을 할 때 반복하는 구호가 있다.

"뛰어! 일만, 이만, 삼만, 사만! 산개 검사! 기능 고장! 하나, 둘! 하나, 둘, 셋! 산개 검사! 착지 준비!"

이는 비행기 문에서 뛰고 난 이후의 필수 동작을 순서에 맞게 암기하기 위한 것이다. 앞부분에 "일만, 이만, 삼만, 사만" 하고 외치는 부분이 있는데, 이는 비행기 문에서 도약한 후 낙하산이 펼쳐질 때까지 걸리는 4초의 시간을 스스로 재보기 위한 것이다. 고공에서 몸을 날린 뒤 40초가량 자유낙하 후에 스스로 낙하산을 펴는 고공강하와 달리, 일반적인 강하에서는 몸을 공중에 던지면 낙하산이 4초 정도 후에 자동으로 펼쳐지게 된다. 이 시간을 재는 구호가 "일만, 이만, 삼만, 사만!"이다. 왜 "하나, 둘, 셋, 넷"이나 "일초, 이초, 삼초, 사초"가 아니라 "일만, 이만, 삼만, 사만"인가에 대해서는 여러 가지 설이 있는데, 이것이 발음이 가장 쉽기 때문이라는 설이 설득력을 얻고 있다고 한다. "산개 검사!"는 낙하산이 제대로 펴졌는가를 확인하는 과정을 나타내는 구호다.

이렇게 착지, 공중에서의 동작, 기체문 이탈 등 밑에서부터 위를 향하여 실제 강하의 역순으로 훈련을 마치고 나면 드디어 공포의 건물 막타워에 오르게 된다. 막타워의 정식 명칭은 모형탑으로, 11m 높이에서 뛰어내린 뒤 일련의 공중동작 및 착지훈련을 할 수 있도록 만든 교장이다.

막타워 훈련의 고통은 뛰는 순간부터 시작된다. 공포심을 이겨내야 하기 때문이다. 높은 곳에 아슬아슬하게 서 있을 때의 공포심은 사실 누구에게나 있는 것이고, 훈련을 거듭한다고 완전히 제거되는 것도 아니다. 하지만 극단적인 고소공포증 환자가 아닌 이상 막타워

지상 훈련 나는 법을 배우기 위해서는 먼저 떨어지는 법을 배워야 한다. 조절할 수 없는 속도로 낙하하는 과정에서 부상을 막으려면 제대로 된 착지자세가 몸에 밸 때까지 지상에서 훈련을 거듭할 수밖에는 없다.

❶ 기체에서 이탈하는 순간의 동작 훈련
❷ 착지 준비 자세
❸ 착지 후의 자세 숙달 훈련
❹ 단상을 이용한 착지 훈련

훈련을 거듭하다 보면 공포심을 이겨낼 수 있다. 텔레비전 등에서 공수교육 과정을 보여줄 때 가장 흔하게 만날 수 있는 장면도 바로 이 막타워 훈련이다.

"애인 있습니까?"

교관이 쩌렁쩌렁한 목소리로 교육생에게 묻는다.

"예, 있습니다."

교육생이 잘 떠지지 않는 눈을 억지로 치켜뜨며 소리친다.

"앞산을 향해 애인 이름을 크게 외칩니다. 실시!"

"은경아!"

이어 교관의 마지막 명령이 떨어진다.

"뛰어!"

그러면 교육생은 "뛰어!"를 복창하며 즉시 난간에 딛고 있던 발을 공중으로 내뻗어야 한다. 그리고는 2주 동안 숱하게 해왔던 공중동작 과정들을 순서에 따라 되풀이한다.

"일만, 이만, 삼만, 사만! 산개 검사! 하나, 둘! 하나, 둘, 셋! 산개 검사! 착지 준비!"

하지만 공중에서의 동작들은 자신의 생각처럼 쉽게 되지 않는 것이 보통이다. 따라서 이 역시 반복 훈련이 계속된다.

막타워 훈련에서 가장 어려운 점은 자세를 아름다운 'ㄴ'자로 유지하는 일이다. 공포심에 교육생들은 눈을 감고 뛰어내리고, 가슴에 안은 예비 낙하산을 잡은 팔에만 힘을 주게 된다. 하지만 이렇게 해서는 올바른 자세를 잡을 수 없고, 자세가 제대로 잡히지 않으면 당연히 체력 단련과 반복 훈련이 계속된다.

막타워 훈련까지 완벽하게 끝냈다면 3주차에는 실제 강하를 하게 된다. 물론 3주차 훈련의 시작과 함께 곧바로 강하를 하는 것은 아니다. 실제 강하를 앞두고 실시하는 예비 교육들이 또 여럿이다. 그런 예비 훈련 중에는 송풍훈련도 있다. 이는 바람이 너무 강해서 땅에 착지한 뒤에도 바람에 의해 낙하산이 끌려갈 경우에 대비한 훈련이다. 몸을 안전하게 보호하면서 적당히 끌려가다가 낙하산을 분리하는 방법을 배우게 된다. 또 무장을 하지 않은 맨몸으로 하는 강하 외에 무장을 한 상태에서 하는 강하를 연습해야 하고, 야간에 하는

강하도 훈련해야 한다. 야간강하훈련은 쉽게 말해 야간에 막타워에서 뛰어내리는 훈련이다. 지상이 까마득하게 내려다보이는 주간의 훈련도 어렵지만 아무것도 보이지 않는 한밤에 막타워에서 뛰어내리는 일은 여간 강심장이 아니면 쉽지 않은 일이다.

이렇게 모든 준비 과정을 끝내면 마침내 실제 강하에 나서게 된다. 이 실제 강하를 앞둔 날 저녁 잠자리에서 교육생들이 느끼는 부담감은 사실 이만저만이 아니다.

'혹시 두려워서 뛰어내리지 못하면 어쩌지? 이제까지 받은 훈련은 다 물거품이 되고 여기서 쫓겨나게 될 텐데.'

'혹시 내 낙하산의 포장이 잘못된 것이어서 펴지지 않으면 어쩌지? 그대로 추락, 사망인가?'

'착지하다 발목을 삐는 사람이 부지기수고 수십 번 강하를 한 사람도 허리를 다치기 일쑤라는데, 내가 과연 해낼 수 있을까?'

그런 걱정과 조바심으로 밤을 지새우고 나면 교관들은 새벽부터 어김없이 교육생들을 들들 볶기 시작한다. 구보, 얼차려, 착지훈련이 반복되고, 산악복과 주 낙하산, 예비 낙하산과 헬멧까지 착용하면 그야말로 몸이 천근만근이다. 여름에는 말할 것도 없고 봄가을에도 땀이 비 오듯 쏟아진다. 실제 강하를 앞두고 교관들이 마지막까지 이렇게 교육생들을 괴롭히는 것은 그래야 오히려 불필요하고 과도한 긴장을 풀 수 있기 때문이다.

이렇게 한바탕 난리를 치르고 나면 마침내 조별로 실제 강하에 들어간다. 첫 강하는 보통 코끼리라는 애칭으로 불리는 기구에서의 강하다. 6명이 한 조가 되어 기구에 매달린 좁은 승강대에 탑승하는 것으로 기구 강하가 시작된다. 탑승대에는 물론 강하조장으로도 불리는 교관이 타고 있다.

"고리 걸어! 고리줄 검사!"

교관의 지시에 따라 교육생들은 승강대 위쪽의 줄에 고리를 걸고 안전하게 걸렸는지 절겅절겅 소리를 내며 검사한다. 검사가 끝나면 기구가 땅에서 떨어지면서 한바탕 좌우로 요동을 치고는 이내 상승하기 시작한다.

기구는 300m 높이까지 올라간다.

막타워 훈련 항공기에서 이탈한 후 낙하산을 조종하여 땅에 착지하기까지의 각종 동작들을 익히기 위한 모형 탑이 막타워다. 인간의 공포심이 극대화된다는 11미터 높이의 탑이고, 여기서 훈련생들은 두 가닥 줄에 의지하여 하늘로 날아오르는 첫 연습을 한다.

공포의 막타워 훈련을 이겨내다 막타워 훈련의 최대 난코스는 공포심이다. 낮에는 바닥이 까마득히 내려다보이기 때문에 두렵고, 밤에는 아무것도 보이지 않기 때문에 두려움이 더욱 가중된다. 공포의 막타워에서 줄을 타고 내려온 교육생을 줄잡이가 안전하게 내려올 수 있도록 도와주고 있다.

"1미터, 2미터, 3미터……."

아직은 별거 아니다. 무슨 문제가 생겨도 죽지는 않을 높이다.

"10미터, 20미터, 30미터……."

바람의 방향이 땅 위에서 느끼던 것과는 사뭇 다르다. 고개를 숙이면 강하를 기다리는 동기들이며 분주히 오가는 교관들의 모습이 작은 곤충들처럼 보인다.

"100미터, 150미터, 200미터, 250미터……."

지상에 있는 사람의 모습은 아예 점으로만 보이고, 코끼리를 보관하던 거대한 창고 역시 작은 초가집처럼 보인다. 하지만 대부분의 교육생들은 더 이상 지상으로 눈길을 주지 못한다.

"장비 검사!"

마침내 기구는 300m 높이까지 상승하고, 교관은 교육생들에게 뛰어내릴 준비를 시킨다. 교육생들은 줄에 걸린 고리를 다시 확인하고, 안전핀을 꽂아서 꺾는다. 가슴에 달린 예비 낙하산과 몸에 부착된 각종 장비들도 더듬어본다. 이것들이 자기의 목숨을 지켜줄 생명줄임을 알기에 손길은 빠르지만 섬세하다. 어느 하나라도 이상이 생기면 끝장이다.

"장비 검사 보고!"

교관의 지시에 따라 뒤에 있는 사람부터 "이상 무!"를 외치며 앞사람의 헬멧을 두들긴다.

"뛰어!"

마침내 교관의 지시가 떨어지고 첫 번째 교육생이 승강대 앞쪽의 열린 문으로 몸을 내던진다.

'일만, 이만, 삼만, 사만, 펴졌다.'

밑에서 보고 있던 나머지 교육생들은 하늘에서 두둥실 펼쳐지는 둥근 낙하산을 바라보며 속으로 숫자를 헤아리고 있다.

두 번째 교육생 역시 조금의 망설임도 없이 공중에 둥실 떠 있던 승강대를 박차고 하늘로 도약한다. 이렇게 교육생 한 사람이 뛸 때마다 승강대가 사정없이 흔들리고, 맨 마지막 뛰는 사람은 이런 흔들림에 다섯 번이나 고문을 당한 뒤에야 마침내 승강대를 이탈하게 된다.

'그래, 까짓 거. 사나이 한 번 죽지 두 번 죽나.'

그렇게 이를 악물고 눈을 감은 채 교육생들은 300m 높이에서 날개도 없이 공중으로 도약한다. 마치 절벽 꼭대기의 둥지에서 처음으로 파도치는 절벽 아래를 향해 날개를 펼치며 도약하는 독수리처럼.

"3번 교육생, 왼쪽 당겨라, 왼쪽!"

이미 제정신이 아닌 공중의 교육생을 향해 고함을 내지르는 교관의 확성기 소리만 교장과 온 하늘에 가득하다. 그 고함소리 속에서 마침내 새로운 독수리들이 태어나고, 하늘과 땅과 바다를 가리지 않는 전천후 전사들이 태어난다.

"얼떨떨하지만 정말 저 스스로 뿌듯하고 대견합니다. 이제야 진짜 공수부대에 온 느낌이 듭니다."

"뛰기 직전에는 솔직히 엄청 무서웠는데 막상 발을 떼고 나니 아무런 생각도 나지 않았습니다. 일만, 이만, 삼만, 사만, 산개검사…… 하는 식으로 지상에서 훈련했던 내용들이 자동으로 암기되고 몸이 움직였습니다."

처음 기구 강하에 성공한 후보생들의 소감이다. 하지만 그렇게 완벽했다고 생각하는 이들의 생각과는 달리 교관들은 불만이 가득하다. 공중에서의 동작이며 낙하산 줄을 다루는 기술이 여전히 햇병아리 수준

인 것이다.

이렇게 비무장 상태에서 첫 기구 강하를 마치고 나면 무장강하와 야간강하가 기다리고 있다. 강하는 기구 강하와 항공기 강하로 이루어진다. 하지만 항공기의 사용 가능 여부, 날씨 등에 따라 기구와 항공기를 이용하는 횟수는 달라질 수 있다. 어쨌든 최소한의 강하를 모두 완벽하게 실시해야 공수기본교육을 이수했다는 자격이 부여된다. 이 자격을 눈으로 확인시켜주는 것이 바로 특전맨들이 가슴에 부착하는 낙하산 모양의 공수 윙(휘장)이다. 조류가 아니면서도 스스로의 힘으로 하늘을 난 사람들만이 달 수 있는 휘장이며, 이 휘장이 없이는 특전사의 구성원이 될 수 없다.

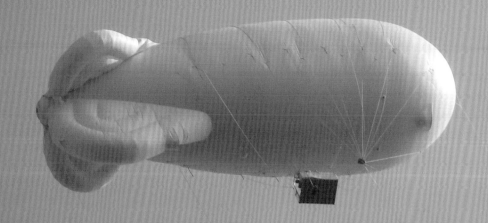

첫 날갯짓 특전부사관 후보생들의 첫 강하는 보통 기구에서 이루어진다. 300미터 높이까지 떠오른 좁은 승강대 위에서 후보생들은 난생 처음 매의 눈으로 지표면을 보게 되고, 마침내 어린 독수리처럼 첫 날개를 펴게 된다.

공수훈련은 기본, 공포를 이겨야 진정한 검은 베레 3주간의 공수교육에도 불구하고 처음 헬기에 탑승할 때면 누구나 공포와 두려움에 휩싸이게 된다. 이 공포와 두려움을 극복할 수 있어야 하늘과 땅과 바다를 지배하는 진정한 검은 베레가 될 수 있다. 강하를 위해 산악복을 입고 CH-47D 헬기에 탑승하는 특전대원들.

헬기를 박차고 공중으로 발 디딜 곳 없는 허공에 과감하게 자기 몸을 내던질 수 있는 것은 날개를 가진 새와 낙하산을 멘 검은 베레뿐이다. 공수교육을 통해 특전맨들은 하늘 위에서 누구도 보지 못하는 지상의 모습을 본다. 사진은 CH-47D 헬기에서 꼬리문을 통해 강하하는 모습.

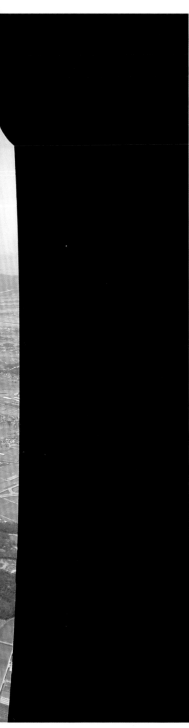

고공강하는 이렇게 일반 강하에서는 항공기에서 이탈하자마자 낙하산이 자동으로 펼쳐진다. 하지만 훨씬 높은 고도에서 이루어지는 고공강하에서는 강하자가 중간에 스스로 낙하산을 펼쳐야 한다. 낙하산이 펼쳐지기 전까지는 거대한 지구가 물체를 끌어당기는 힘에 전적으로 몸을 맡긴 채 전속력으로 자유낙하를 하게 된다. 사진은 고공강하를 위해 항공기에서 이탈하는 특전대원의 모습.

하늘에 핀 한 떨기 낙하산 꽃 실제 강하에서 후보생들은 낙하산을 타고 유연한 동작으로 하늘을 날아 목표 지점에 정확히 착지해야 한다. 공중에 활짝 펴진 낙하산이 한 떨기 꽃처럼 보인다.

붉은 노을에 물든 낙하산들 해 지는 하늘을 배경으로 일제히 펴진 낙하산들이 붉은 노을에 물들어 하늘과 하나가 되었다. 주간은 물론 야간 강하까지 마쳐야 공수 휘장을 달 수 있고, 공수 휘장을 달아야 검은 베레가 될 수 있다. 특전사에서는 일반 병사들도 공수기본교육을 이수해야 한다.

이것이 무장강하 검은 베레가 낙하산을 타는 이유는 하나, 특정 지점에 침투하여 주어진 임무를 수행하기 위해서다. 당연히 임무 수행에 필요한 장비와 물자들을 지참해야 한다. 이를 위해 필요한 것이 무장강하다. 무장강하 시 완전군장의 무게는 30킬로그램에 육박한다. 무거운 군장을 멘 채 고공에서 뛰어내리는 무장강하는 위험하지만, 검은 베레들은 조국이 부름에 언제나 강하할 준비가 되어 있다.

1988년 서울 올림픽 당시 강명숙 준위. 특전사에서 가장 많은 강하 횟수를 기록해 강하의 달인으로 불린다.

강하의 달인,
강명숙 준위

● 앞에서 설명한 기구에서의 강하 외에 공수기본교육을 이수하기 위해서는 CH-47 시누크(Chinook) 헬기에서의 강하도 필수적이다. 무장병력 38명을 태울 수 있는 이 헬기는 대략 이륙 5분이면 고도 800m 정도에 도달하고, 헬기 강하는 기본적으로 이 이하의 높이에서 진행된다. 강하 방식은 기구 강하 방식과 크게 다르지 않다. 다만 꿍음과 여름의 찌는 듯한 무더위를 견뎌야 한다는 점, 기구보다 상대적으로 높고 시속 180km로 나는 비행기에서 뛰어내려야 한다는 정도의 차이가 있다. 물론 목숨을 걸어야 하는 것은 기구나 헬기나 마찬가지다.

기구와 800m 이하의 저고도에서 이루어지는 이런 강하를 흔히 일반 강하라고 부른다. 이때는 MC1-1C라고 불리는 둥근 형태의 낙하산을 이용하며, 기체에서 이탈하는 즉시 낙하산이 자동으로 산개된다.

일반 강하와 달리 3,000m 이상의 높은 고도에서 시작되는 강하를 고공강하라고 부른다. 이 고공강하에는 직사각형 형태인 MC-4 전술낙하산을 이용하는데, 자동으로 펴지는 것이 아니라 낙하자가 적당한 높이에서 직접 줄을 당겨 낙하산을 펼쳐야 한다. 낙하산을 펼치기 전까지는 자유낙하가 이루어지는데, 영화나 텔레비전 등에서 보듯이 여러 사람이 모이고 흩어지며 각종 묘기를 펼쳐 보일 수 있는 순간은 바로 이 자유낙하 순간이다.

고공강하는 얼마나 지면에 가까운 상태에서 낙하산을 펼치는가에 따라 다시 핼로(HALO, High Altitude Low Open)와 해호(HAHO, High Altitude High Open)로 구분된다. 둘 중에서 지면에 최대한 가까운 상태에서 낙하산을 펴는 방식이 핼로다.

특전맨들은 공수기본교육 이수 후에도 자대에서 이처럼 다양한 강하 교육을 받는데, 어떤 강하를 몇 회나 했는가에 따라 공수 휘장이 달라진다. 우선 공수기본교육을 수료한 사람은 기본휘장을 달고, 강하조장 교육을 이수하거나 20회 이상 강하한 사람은 기본휘장에 별이 추가된 은성휘장을 단다. 고공강하 교육을 이수하거나 40회 이상 강하한 사람은 별에 월계관이 둘려진 은성월계휘장을 달고, 100회 이상 강하한 사람은 은성월계휘장에서 별이 금색으로 바뀐 금성월계휘장을 단다. 이어 200회, 300회로 올라갈수록 휘장의 날개 부분에 노란색 작은 별이 하나씩 추가되는데 최고는 3개까지다. 이어 1,000회 이상 강하한 사람은 휘장 전체가 금색인 금장월계휘장을 부착한다.

그렇다면 강하를 그야말로 기본이자 전문으로 하는 특전사에서 가장 많은 강하 횟수를 기록한 사람은 누

잠실 올림픽주경기장에 낙하하고 있는 강명숙 준위

구일까? 놀랍게도 남성이 아니라 가녀린 몸매의 여성 특전용사, 특교단 낙하산포장반 반장을 맡고 있는 강명숙 준위다. 2014년 7월 현재 4,050회의 강하 기록을 보유하고 있다. 한 번의 강하를 위해서도 목숨을 걸어야 한다는 것을 아는 특전맨들은 이것이 얼마나 대단한 기록인지 잘 알고 있다. 이처럼 일반인을 놀라게하고 특전용사들 사이에서도 강하의 달인으로 불리는 강명숙 준위의 강하 실력은 그럼 어느 정도일까?

"3,000미터 높이에서 강하하여 지상의 500원짜리 동전 위에 착지하는 정도?"

이웃집 누이같이 순진한 웃음을 얼굴에 한가득 지으며 그녀는 대수롭지 않다는 듯 대답한다. 하지만 알고 보면 그녀의 이런 기록과 능력은 천부적으로 주어진 것도, 어느 날 갑자기 생겨난 것도 아니다. 수없는 실패속에서도 좌절하지 않고 끝없이 반복에 반복을 거듭하여 이룬 성과인 것이다.

"보통은 하루 서너 차례 강하를 하지만 때로는 10회 이상 한 적도 있습니다. 침투훈련과 동시에 이루어지는 강하는 정말이지 엄청난 체력을 요하는 훈련이고, 하루 5회 이상 훈련을 하다 보면 장비나 무기가 아니라 제 자신의 팔 자체가 너무나 무거워서 떼어내고 싶을 지경이 됩니다."

침투훈련은 말 그대로 낙하산을 타고 적지에 침투하는 훈련이다. 사실 특전사에서 강하훈련을 하는 것은 레포츠의 일환이 아니고 어디까지나 전술적 기동을 위한 것이다. 따라서 침투훈련에는 기본 강하 장비 이외에 개인화기를 비롯하여 각자의 주특기에 따르는 각종 전투용 장비들이 보태지게 된다. 이 장비들을 착용하면 대략 여성 한 사람의 몸무게와 비슷한 45kg 정도가되고, 이런 상태로 헬기를 타고 내리며 강하와 산악 행군을 반복하는 것이 바로 침투훈련이다. 그렇다면 강명숙 준위는 매번 목숨을 걸어야 하는 이 위험하고 힘든 훈련을 어떻게 시작하게 된 것일까?

"초등학교 5학년 무렵부터 군인이 되고 싶다는 생각을 했습니다. 국군의 날 행사에서 본 군인들의 모습이 너무나 멋져 보였죠. 중학교와 고등학교 시절에도 친구들이 멋진 남자 배우의 사진을 들여다보고 있을 때

저는 군복을 입은 조종사 사진을 보며 지냈습니다. 그러다가 1984년 11월에 실제로 입대를 했고, 이듬해 3월에 특수전사령부 여군중대에 배치를 받았습니다."

특전사 요원들은 스스로 혈통부터 다르다는 말들을 자주 하는데, 강명숙 준위 역시 그런 사람들 가운데 하나다. 초등학교 5학년 여자아이가 군인이 될 꿈을 품었고, 그 꿈을 중학교와 고등학교 때에도 잃지 않고 간직했다가 특전사에 왔다는 것이다. 타고난 특전요원 체질이 분명하다.

"1985년에 처음 공수기본교육을 받았습니다. 그때는 지상 교육이 2주가 아니라 3주였고, 남자들과 똑같이 훈련을 받았기 때문에 체력적으로 정말 힘들었습니다. 하지만 고된 훈련을 마치고 첫 강하를 할 때는 너무나 통쾌하고 시원했습니다. 하늘에서 본 지상의 모습은 지상에서는 결코 볼 수 없는 것이고, 제 눈에는 그 모습이 너무나 아름다웠습니다. 아마 그때부터 강하를 사랑하게 된 것 같습니다."

물론 그 후에도 우여곡절은 많았다고 한다.

"1987년에 특수임무부대의 여군중대와 고공팀 가운데 하나를 선택해야 하는 기로에 놓이게 되었는데, 저는 기가 작은 편이어서 고공팀이 낫겠나고 생각하고 고공팀을 선택했습니다. 이때 고공팀에게 주어진 최우선 임무 가운데 하나가 88올림픽 개막식에서 시범을 보이는 것이었습니다. 이 시범을 위해 300회 정도 고공강하훈련을 했습니다. 잠실경기장의 지붕은 철근으로 이루어져 있고, 바늘 같은 이 철근들을 피해 10원짜리 동전만하게 보이는 둥근 원 안으로 들어가기 위해서는 바람을 이겨내는 방법을 숙달하고 또 숙달해야 했습니다. 바람에 잘못 밀리면 인근의 고층건물이나 한강에 떨어지게 되니까요. 그렇게 어려운 임무를 수행하기 위해 밤낮으로 훈련을 했고, 마침내 올림픽 개막식에서 완벽하게 시범을 보일 수 있었습니다. 희열이 정말 대단했죠."

고공강하를 선택한 덕분에 강명숙 준위는 88올림픽 이후에도 각종 큰 행사에서 시범을 도맡았고, 덕분에 그녀의 강하 기록은 남들보다 몇 배나 빠르게 늘어났다고 한다.

"다행스럽고 고맙게도 큰 부상을 당한 적이 없어서 오늘까지 온 것 같습니다. 온몸에 파스를 도배하다시피 바르고 훈련을 하곤 했지만 다행히 큰 사고는 없었습니다. 강하에는 실제로 상황에 따라 수많은 위험들이 도사리고 있습니다. 밤에는 옆 사람도 보이지 않는 상태에서 강하를 해야 하고, 바람이 17노트 이상 불면 아무리 경험이 많은 사람이라도 낙하산이 밀리게 됩니다. 발목과 허리를 다치는 경우도 적지 않고, 낙하산이 펴지지 않아 추락하는 경우도 더러는 있습니다. 저는 그런 경우와 동료들을 여럿 보았고, 저 역시 산소마스크를 쓴 상태에서 강하를 시작했다가 주 낙하산이 펴지지 않아 크게 당황한 경험이 있습니다."

그렇다면 강하 4,000회를 넘긴 지금은 어떨까?

"아무리 경험이 많아도 강하는 어렵습니다. 두려움도 완전히 가시지는 않습니다. 지금도 강하를 앞둔 날 저녁이면 이미지 트레이닝을 하면서 스스로를 다독이곤 합니다."

이제 고공강하 시범을 직접 하기에는 너무 고참이 된 그녀지만, 지금도 그녀는 수준 유지를 위해 2, 3개월에 한 차례는 강하를 계속하고 있다고 한다.

"제대를 할 때까지는 계속해야죠."

두렵고 떨리지만 고공에서 강하할 때 가장 큰 희열과 기쁨을 느낀다고 말하는 그녀.

4,000회 이상의 강하 기록을 보유한 또 한 사람의 특전용사는 특교단의 전명순 준위다. 그 역시 여성이다. 특전사에서도 4,000회 이상의 강하 기록을 보유한 사람은 이 2명의 원더우먼들뿐이다. 전에는 6,000회 이상의 기록을 보유한 특전맨이 있었지만, 최근 제대를 하면서 이 두 특전용사가 최고 기록 보유자가 되었다고 한다.

천리행군
- 나의 한계를 극복하고 팀과 하나가 된다

●   하사 계급장을 달고 처음 시작하는 특수전 기본 과정의 막바지에 하는 훈련이 천리행군으로, 400km 거리를 군장을 메고 잠을 자지 않으며 행군하는 훈련이다. 더러 도로를 따라 걷기도 하지만 대부분의 루트는 산악이다. 15주간의 양성 과정과 9주간의 특수전 기본 교육 뒤에 치르는 천리행군은 신임 특전맨들이 가장 고통스러워하는 훈련으로, 이때까지의 고생이 억울해서라도 누구나 이를 악물고 버티는 훈련이기도 하다. 잠까지 자지 않고 진행되는 이 1주간의 천리행군을 통해 후보생들은 특전맨이 얼마나 많은 피와 땀을 통해 탄생하는지 스스로 깨닫게 된다. 참아낼 수 없는 고통을 참아내고 체력과 정신력이 한계를 돌파하며 이들이 걷는 천 리의 길은 한 사람의 운명이 바뀌는 길이자 대한민국의 명운이 걸린 길이기도 하다. 그런 각오와 자부심이 없으면 결코 이겨낼 수 없는 싸움이 바로 천리행군이다.

예전의 천리행군은 단순한 천리행군이 아니라 4주간의 종합전술훈련의 일환으로 각 여단에서 이루어졌다. 종합전술훈련이 시작되면 대원들은 헬기에 실려 부대에서 대략 천 리쯤 떨어진 산속이나 들판에 침투하게 된다. 이후 약 3주간 야외에서 먹고 자며 생활하는 훈련이 진행되는데, 이때 걷게 되는 거리만도 대략 200~300km는 된다. 이 기간 동안 모든 체력을 소진하며 각종 훈련을 거친 뒤, 마지막 8박 10일 동안 천 리를 행군하여 부대로 복귀하는 마무리 단계가 당시의 천리행군이었다. 그 기간이 8박 10일인 것은 마지막 1박은 아예 잠을 자지 않고 무박으로 행군을 강행하기 때문이다.

이렇게 종합전술훈련의 일환으로 천리행군을 하는 것이었기 때문에 사실 이들의 행군 거리는 천 리가 아니라 최소한 천오백 리는 족히 되었다. 텔레비전 다큐멘터리 등에서 천리행군 중인 특전용사들의 물집투성이 발바닥을 본 기억이 있을 텐데, 이때의 물집들은 사실 천리행군 이전에 생기는 경우가 많았다. 그런 상태에서 다시 천 리를 걸었던 것이다.

그렇다면 비행기나 자동차가 발달한 오늘날 이런 무리한 행군은 왜 필요한 것일까? 한 마디로 특전용사는 적의 후방에서 주어진 임무를 수행하고 교통편이 제공되지 않는 상황에서라도 적지를 탈출하여 혼자 힘으로 부대까지 돌아와야 하기 때문이다. 적지에서의 활동이 쉬운 것일 리 없고, 적들이 지키는 지역을 지나 탈출하고 복귀해야 하기 때문에 어지간한 체력과 정신력으로는 어림없는 임무라고 할 수 있다. 이런 위험하고 고된 임무를 수행하기 위해 특전사에서 실시하는 훈련이 바로 천리행군이다.

천 리 길도 한 걸음부터 천리행군은 자기 자신과의 싸움이면서도 자기 혼자의 힘만으로는 결코 해낼 수 없는 훈련이다. 스스로의 한계를 극복하는 동시에 전우들과 하나가 되지 않으면 마칠 수 없는 훈련이 천리행군이다. 사진은 천리행군을 시작하기 위해 군장을 메고 있는 신임 특전부사관들의 모습.

이런 천리행군은 2014년부터 자격화 방식으로 바뀌었다. 따라서 한 번 천리행군을 마치면 같은 훈련을 다시 받을 필요가 없게 되었다. 공수기본교육을 한 차례 이수한 사람에게 같은 교육을 다시 시키지 않는 것과 마찬가지다. 하지만 역으로 특전사의 팀원이 되기 위해서는 이 훈련을 반드시 통과해야 한다. 자신이 속한 기수의 훈련 일정에서 낙오한 사람에게는 다음 기수의 훈련 때 한 번 더 기회가 부여된다. 하지만 이때도 낙오하면 더 이상의 기회는 없다. 퇴교 조치와 함께 특전사를 떠나야 하는 것이다. 공수기본교육을 이수하지 못한 교육생과 마찬가지 신세다.

훈련의 자격화와 더불어 그 시간과 강도도 달라졌다. 천 리를 완주하되, 제한된 시간 안에 반드시 도착하도록 하여 더욱 강도 높은 훈련 체계를 만든 것이다. 군인들의 속된 표현으로 더욱 빡센 훈련이 된 셈이다. 천리행군 기간 중 실질적으로 제대로 잠을 잘 시간은 거의 주어지지 않는다.

행군 루트에는 휴식과 식사가 가능한 지점과 시간이 정해져 있고, 해당 지점에 해당 시간까지 도착하지 못하면 휴식은 없다. 예를 들어 행군 4일차 중식이 A지점에서 12시부터 2시까지로 예정되어 있다고 해보자. 어떤 팀은 이 지점에 11시 30분에 도착할 수 있다. 그러면 30분 동안 휴식을 취한 뒤 점심 식사를 하고 나머지 시간에 다시 휴식을 취한 뒤 2시에 맞추어 출발할 수 있다. 그사이 잠을 자거나 상처를 치료하고 군의관의 도움도 받을 수 있다. 하지만 어떤 팀은 행군이 늦어져 1시 30분에 도착할 수도 있다. 그러면 이 팀은 밥을 먹을 시간조차 모자라고 휴식은 언감생심인 신세가 된다. 무조건 2시에는 다시 다음 지점을 향해 출발해야 하기 때문이다. 그래서 계속 행군이 늦어지는 팀의 팀원들은 늘 이런 한탄을 입에 달고 걷게 된다.

"나만 오면 가네!"

탄탄대로 부대의 문을 나서면 탄탄대로가 펼쳐진다. 아직은 기운도 생생하고 길도 편안해서 여유롭다. 하지만 이렇게 잘 닦인 도로는 검은 베레가 사랑하는 길이 아니다.

아름다운 갈대밭을 지나 10월의 하늘은 높고 갈대는 바람 속에서 피리소리를 낸다.
천리행군에 나선 특전부사관들이 늦가을 들판을 지나고 있다.

보무도 당당하게 천리행군 2일차. 아직은 발걸음에 힘이 남아 있다.

밀어라 끌어라 천리행군 3일차. 군장의 무게가 어깨를 압박하고 온몸의 뼈마디들이 비명을 지르기 시작한다. 오르막이 나타날 때마다 보폭이 좁아지고 시간이 지체되기 일쑤다.

빛, 어둠, 빛 모든 인생에 갈피와 고비가 있듯이, 천리행군에도 저마다의 갈피와 고비가 있다. 빛과 어둠, 희열과 고통이 갈마드는 인생살이의 축소판이 바로 천리행군이다. 어두운 터널을 지나 밝은 빛의 세상으로 들어서는 이들처럼 고난의 길을 이겨낸 자에게는 새로운 운명이 주어진다.

천리행군에 나선 교육생들에게는 수많은 난관들이 기다리고 있다. 그중 첫째는 고갈되는 체력이다. 이미 수주일간 고된 훈련을 받은 교육생들에게 침낭, 예비 전투화와 전투복 등이 담긴 군장은 그야말로 당장이라도 던져버리고 싶은 무거운 짐이다. 맨몸으로도 걷기 어려운 길을 걷노라면 자신의 생명줄인 소총마저 짐처럼 여겨진다. 온몸이 삐걱거리고 무릎은 굽혀지지도 않는데, 그런 짐들을 들고 지고 끝도 없는 산속을 헤매야 한다.

두 번째 고통은 한 마디로 발바닥이다. 선배들의 조언과 인터넷의 도움말을 참조하여 사전에 열심히 행군 준비를 하지만 막상 천리행군에 나서면 누구나 발바닥의 고통을 겪지 않을 수 없다. 정도의 차이는 있지만 곳곳에 물집이 잡히고 터져서 발바닥은 물론 발등까지 성한 곳이 없게 된다. 아예 발바닥 전체가 벗겨지는 교육생도 있다. 갈라지고 터진 상처마다 고름을 밖으로 뽑아내기 위한 실오라기들이 덕지덕지 매달려 있고, 발가락에는 하얀 반창고투성이다. 이런 사정을 잘 알고 있기 때문에 훈련에 참가하는 대원들에게는 바늘과 실이 필수품이다. 스타킹이나 발가락 양말을 신고 행군에 나서는 사람도 있고, 사타구니가 쓸리는 것을 막고자 타이즈를 착용하기도 하지만 큰 효과가 없다.

더러는 이 무르고 터진 곳으로 세균이 침범하여 심각한 질병을 유발하기도 한다. 교관과 군의관은 휴식 시간 등을 이용하여 환자들을 보살피고, 상처가 너무 심할 경우에는 후송시키기도 한다.

"후송은 안 됩니다. 끝까지 갈 수 있습니다."

군의관이 보기에 도저히 그냥 둘 수 없을 정도로 상처가 심하고 세균 감염이 심각한 교육생 하나가 도저히 포기할 수 없다며 버틴다.

"그러다 인마, 나중에 발목을 잘라야 돼!"

자기 몸을 돌볼 줄 모르는 어리석은 교육생에게 군의관이 타이르다 지쳐 화까지 내보지만, 해당 교육생은 먼 산만 바라본다. 더 이상 듣고 싶지 않다는 태도다. 합격하지 않으면 검은 베레가 될 수 없고, 이는 자신이 모든 것을 걸고 도전한 시험에서 탈락하는 것임을 알기 때문이다. 그야말로 죽기 살기로 버티는 것이다.

고행, 무거운 침묵 천리행군은 침묵을 가르치는 훈련이기도 하다. 신음 외에는 모든 소리가 무의미해지는 훈련을 통해 검은 베레들은 묵언수행을 하는 선승처럼 온몸으로 삶과 고통, 인생과 군대, 부모와 국가에 대한 깨달음을 얻는다.

고통을 참고 내딛는 한 걸음의 의미 천리행군 4일차. 발바닥이 멀쩡한 대원들은 거의 없다. 그러나 이들에겐 상처
를 제대로 치유하고 고통을 덜어낼 여유가 주어지지 않는다. 이런 과정을 통해 특전용사들은 육체와 정신의 고통에
지배되지 않는 진정한 용사로 거듭난다. 이제부터 그 무엇도 이들을 더는 아프게 하지 못할 것이다.

깊은 밤을 날아서 오로지 자신의 두 다리에만 의지해 무식하게 천 리를 걷는다. 그렇다고 금강산 구
경에 나선 유랑객처럼 세월아 네월아 걷는 것도 아니다. 낮에도 걷고 밤에도 걷고 비가 와도 걷는다.
적보다 빠르지 않으면 행군은 무의미한 고통의 체험일 뿐이다. 밤의 어둠도 이들을 가로막지 못한다.

고맙다, 발아 행군 중에 주어지는 잠깐의 휴식은 꿀맛보다 달다. 잘 버텨준 다리와 발바닥을 바람과 햇볕에 말리고, 달콤한 초콜릿 과자 하나에서 위로를 얻는다. 극한의 고통을 경험한 자만이 참다운 휴식의 가치와 소중함을 깨우칠 수 있다.

저 높은 곳을 향하여 천리행군에 나선 특전용사들이 저마다의 표정으로 고통의 끝을 응시하고 있다. 세상에 끝나지 않는 고통은 없다는 걸 알기에, 검은 베레들은 오늘도 침묵과 무표정 뒤에서 희열을 꿈꾼다. 이것은 하나의 간구이자 기도이며 애원이다.

하나의 생각, 하나의 꿈 천리행군은 정신력만으로 해낼 수 있는 훈련이 아니다. 체력만으로 버틸 수 있는 훈련도 아니다. 발바닥이 부르트고 발목에 염증이 생겨 더 이상 걸을 수 없는 대원들도 생겨난다. 이렇게 천리행군에서 두 차례 낙오하면 세상에서 가장 힘들게 얻은 검은 베레도 반납해야 한다. 한 신임 부사관이 천리행군 도중 치료를 받으며 깊은 시름에 잠겨 있다. '제발 끝까지 갈 수 있게 도와주소서' 그의 기도가 들리는 듯하다.

"우리는 한 팀, 끝까지 함께 가는 거야" 고난과 공포의 끝에 다다라서야 사람들은 가족과 이웃과 동료의 소중함을 진정으로 깨우칠 수 있다. 천리행군은 저마다 정신력과 체력의 한계를 스스로 극복해야 하는 개인 훈련이자, 전우와 일심동체가 되지 않으면 결코 끝낼 수 없는 단체 훈련이다. 이 과정을 통해 대원들은 적지에서 내가 부상을 당하거나 고립되더라도 전우들이 나를 결코 버리지 않을 것이란 확신을 얻게되고, 역으로 자신의 목숨을 바쳐서라도 전우를 반드시 구해야 한다는 사명감을 가슴에 품게 된다. 목숨보다 질긴 사랑으로 연대한 군대가 바로 특전사다.

세 번째 고통은 잠의 부족이다. 극도의 체력을 요하는 훈련을 하면서도 휴식과 수면이 턱없이 부족하기 때문에 밤낮을 가리지 않고 졸음이 엄습한다. 밤중에 산길을 걷다가 넘어지는 교육생들이 생기고, 한낮인데도 졸면서 걷고 걸으면서 존다. 그렇게 졸면서 걷다 보면 당연히 대열에서 뒤처지게 되고, 뒤처진 만큼 휴식의 시간은 짧아진다. 악순환의 반복이다.

이상의 세 가지 고통은 물론 하나씩 차례로 왔다가 물러나는 것이 아니다. 고통은 중첩되고 시간이 지날수록 가중된다. 어느 고통이 먼저고 어느 고통이 나중인지 분간할 수 없고, 최종적으로 어느 고통에 굴복하게 될지 스스로도 알 수 없는 지경이 된다. 이런 극한의 고통을 이길 수 있는 힘은 무한한 체력과 고도의 정신력뿐이다. 그런 체력과 정신력을 기르고자 하는 훈련이 천리행군이고, 그런 체력과 정신력이 있기에 대한민국 최강, 아니 세계 최강의 무적 특전맨이 될 수 있는 것이다.

만약 천리행군을 혼자서 한다면 아무도 끝까지 해내기 어려울 것이다. 옆에서 같이 걷는 전우들이 있고, 앞에서 끌어주는 교관들이 있기에 가능한 훈련이 천리행군이다. 나보다 더 힘들어하는 전우를 보면 안쓰럽고, 나보다 훨씬 더 씩씩하게 걷는 전우를 보면 지고 싶지 않다는 오기가 발동한다. 우리가 누군가? 어려움과 고통을 알면서도 스스로 검은 베레가 되고자 찾아온 특전맨이 아닌가? 그런 생각으로 교육생들은 이를 악물고 버틴다. 그러니 온몸이 당장이라도 땅으로 꺼질 것 같은 상황에서도 민간인들이 나타나면 자세를 고쳐 잡고 새삼 눈에 힘을 주는 것이다. 그런 오기와 패기, 악과 깡이 아니고는 대한민국의 안위를 최종적으로 책임지는 특전맨이 될 수 없다.

이런 천리행군을 통해 교육생들은 개인적인 인내심 외에 전우애도 새삼 몸으로 익히게 된다. 끌어주고 밀어주며 천 리를 걷는 동안 바로 옆에 있는 전우가 아니고는 버틸 수 없는 고통을 이겨내고, 바로 옆의 전우가 아니고는 도저히 견뎌낼 수 없는 나약함을 떨쳐내는 것이다. 이렇게 교육생들은 말없이 서로의 몸과 마음이 하나가 되는 법을 배우고, 함께 하는 일이라면 해내지 못할 일이 세상에 없다는 것을 깨닫게 된다.

지옥 같은 천리행군을 마치고 부대로 복귀하면 교관과 후배들이 문 앞에 도열하여 이들을 환호와 박수로 환영한다. 선배들은 이미 그 고통의 크기를 알기에, 후배들은 아직 경험하지 못한 그 고통을 이겨낸 선배들이 자랑스러워서 저절로 박수가 쏟아진다.

"아, 나는 나를 이겼다! 이제 아무도 나를 이길 수 없다!"

극한에 가까운 고통은 이렇게 교육생들을 전과 다른 새로운 인간으로 탄생시킨다. 이 운명적인 변화를 이루어낸 사람만이 특전맨이 될 수 있고 특전사의 팀원이 될 수 있다.

경우에 따라서는 지원자에 한해 특전사의 일반 병사들이 천리행군에 참여하기도 한다. 이들에게는 자격증이 주어지고 전투특전병이라는 칭호가 하사되며 휴가 등의 포상도 주어진다. 많지는 않지만 특전부사관들의 훈련 및 전투력에 감동한 특전사 소속 병사들이 기수마다 천리행군에 도전하고 있다.

"나는 나를 이겼다!" 부대가 가까워지자 한 특전맨이 다른 특전맨들을 독려하기 위해 파이팅을 외치고 있다. 무한도전을 무사히 마치고 고통의 벽을 넘어선 그들에게 이제 그 무엇도 적이 될 수 없으리라.

특전사만의 전투식량이 따로 있다?

I형

전투식량의 역사는 전쟁의 역사만큼이나 오래되었다. 고대에는 말린 고기와 콩이나 곡물의 가루가 전투식량의 주종을 이루었으며. 우리나라의 미숫가루도 신라의 전투식량에서 유래되었다는 설이 있다. 나폴레옹 시대에는 유리병을 이용하여 조리된 음식을 장기간 저장하는 방식이 처음으로 발명되었고, 곧이어 캔에 음식을 담아 장기간 보존하는 방법도 발명되었다. 이렇게 전장에서 태어난 캔 음식은 이제 군대를 떠나 각 가정의 식탁에까지 오르고 있다. 한국전쟁의 와중에는 미군의 전투식량인 C-레이션(C-Ration)에 포함된 1회용 커피가 우리 국민들에게도 알려지게 되었고, 이를 계기로 커피 시대가 본격적으로 열리게 되었다. 이처럼 전투식량은 전장의 군인들을 위해 만들어졌지만 한 시대나 국가의 음식문화 자체에도 영향을 끼쳐왔다.

우리 군대가 이용하는 전투식량 역시 현재의 우리 음식문화에 상당한 영향을 끼치고 있는데, 각종 인터넷 사이트 등에서 실제 전투식량과 유사한 비상식량 등을 판매하고 있다. 건빵이 가장 대표적인 민수용 전투식량이고, 즉각 취사를 위해 발명된 각종

전투식량과 유사한 제품들이 유사시의 비상식량이나 야외활동을 위한 간편식으로 인기를 끌고 있다. 〈진짜 사나이〉 등의 방송 프로그램을 통해 전투식량도 식단 구성이 뛰어나고 맛도 좋다는 사실이 알려지면서 유사품이 아닌 진짜 전투식량을 먹어보고 싶다는 네티즌들이 날로 늘어나고 있기도 하다.

그렇다면 특전사의 대원들은 어떤 전투식량을 이용하고 있을까? 특전사답게 전투식량 역시 특별하다. 우리 육군의 전투식량은 I형, II형, III형, 이 세 가지로 크게 분류할 수 있고, 각 형마다 세 가지씩의 식단이 존재한다.

I형은 종이박스 안에 대여섯 봉지의 음식물들이 담겨 있는 형태로, 이 봉지들을 그대로 뜨거운 물에 15분 정도 데워서 먹는다. 집에서 흔히 이용하는 햇반 조리법과 흡사하다. 1식단에는 쇠고기볶음밥과 조미밥, 이 두 가지 밥이 들어 있고, 반찬으로는 김치, 양념한 꽁치, 볶음고추장이 제공된다. 2식단에는 김치볶음밥과 흰밥, 고기완자, 양념 두부, 멸치조림이 들어 있으며, 3식단에는 햄볶음밥과 팥밥, 김치, 양념 소시지, 콩조림이 들어 있다.

1식단

2식단

3식단

II형

II형 전투식량의 특징은 대형 비닐팩 하나에 필요한 모든 단식들이 들어 있다는 것이다. 비닐팩 안에는 기본적인 밥 종류와 국 한 가지, 밥의 종류에 맞는 스프와 참기름 등의 조미료가 들어 있고, 후식용 초콜릿도 포함되어 있다. 밥에 스프를 넣고 뜨거운 물을 팩에 부어 10분 후에 먹는다. 컵라면 먹는 방법과 흡사하다. 1식단은 김치비빔밥과 된장국이 주 메뉴고, 2식단은 야채비빔밥과 두붓국이 주 메뉴이며, 3식단은 잡채밥과 계란국이 주 메뉴다.

III형은 최근에 보급되고 있는 신형 전투식량으로, 발열팩이 내장되어 있어 별도로 물을 끓일 필요가 없다는 것이 최고의 장점이다. 언제 어느 상황에서든 따뜻한 식사가 가능하기 때문에 등산이나 아웃도어를 즐기는 매니아 사이에서 큰 인기를 끌고 있는 아이템이 바로 이 발열 전투식량이다. 메뉴는 II형과 크게 다르지 않지만 케이크가 추가되었다는 것이 특징이다.

1식단

2식단

3식단

두부국

계란국

앞서 설명한 전투식량 I, II형 외에도 즉각 취식형이 있는데, 이러한 세 가지 전투식량들은 우리 군에 공통으로 보급되고 있으며, 특전사에만 보급되는 전투식량이 별도로 있다. 이 특수용 전투식량의 특징은 필요한 음식들이 모두 약간 딱딱한 과자 형태로 작은 비닐팩 하나에 전부 들어 있다는 것이다. 일종의 과자이기 때문에 별도로 물을 데우거나 할 필요 없이 봉지를 뜯어서 그대로 식사대용으로 이용하게 된다. 여기에는 물에 타서 먹는 분말형 이온음료가 반드시 포함되어 있다. 특수용 전투식량의 1식단에는 쌀밥, 과자, 아몬드 강정, 초코바, 조미한 쥐치포, 땅콩크림 등이 포함되어 있는데, 모든 음식을 가루로 만들어 압착한 과자 형태로 되어 있다. 2식단에는 밥과 더불어 팥가루 과자, 땅콩강정, 초코바, 햄, 땅콩크림 등이 포함되어 있으며, 3식단에는 밥 외에 빵가루 과자, 참깨강정, 초코바, 소시지, 땅콩 크림 등이 포함되어 있다. 부피가 가장 작고 가벼운 전투식량이 바로 이 특수용 전투식량이고, 음식을 구하기 어려운 곳에서 작전을 펼쳐야 할 경우를 대비해 최소의 양으로 최대의 에너지를 공급할 수 있도록 개발된 식량이다.

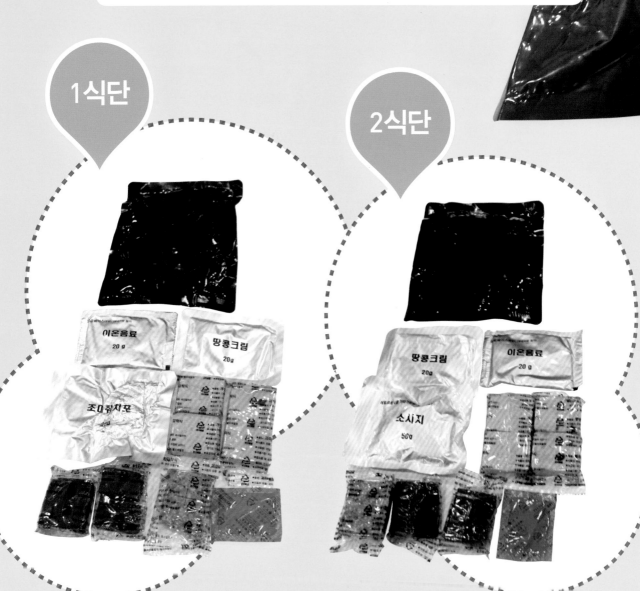

3식단

햄
50g

이온음료
20g

땅콩크림
20g

전투식량의 맛에 대해서는 개인마다 느끼는 미각의 차이가 현격하기 때문에 뭐라고 단정적으로 말하기 어렵다. 현재 우리 군이 이용하는 전투식량은 수많은 실험과 경험을 통해 개발하고 보급한 것이기 때문에 대체로 한국인의 입맛에 잘 맞고 크게 불편하지 않다. 배고플 때 먹으면 누구라도 맛있게 먹을 수 있다. 양은 체력 소모가 극심한 병사들의 경우를 상정하고 만든 것이기 때문에 민간인이 한 끼 식사로 이용하기에는 조금 과하다고 할 수 있다. 맛 때문이 아니라 양 때문에 필자는 어떤 전투식량도 한 번에 다 먹기 어려웠다.

산악극복훈련
- 살아 있는 스파이더맨

● 　　육군은 지상에서, 공군은 하늘에서, 해군은 바다에서 전투를 수행한다. 그러나 특전용사에게는 전장이 따로 없다. 비행기를 타고 낙하산을 통해 적진에 침투하고, 낙하산이 여의치 않을 때는 보트나 수영으로 침투하며, 필요하다면 산과 계곡을 넘나들며 적지에서 종횡무진 임무를 수행해야 한다. 하지만 특전사는 기본적으로 육군에 속해 있기 때문에 지상에서의 전투와 활동에 필요한 능력을 기본으로 익혀야 한다. 그런데 육상에서 전차와 포를 이용하여 공격을 감행하는 보병부대와 달리 적의 후방에 침투하여 소규모 단위로 특수 임무를 수행하기 위해서는 산악지역에서의 활동 능력을 키워야 한다. 험준한 산악을 은밀하고도 신속하게 기동하기 위한 훈련 가운데 가장 대표적인 것이 바로 산악극복훈련이다. 그런데 이는 단순히 경사가 심한 산악을 오르내리는 훈련이 아니며, 암벽과 계곡 등을 극복하는 훈련이 주를 이룬다. 말하자면 체력과 담력과 기술을 동시에 요하는 훈련이다. 암벽 꼭대기에 있는 적의 진지에 귀신같이 접근하여 번개같이 파괴하고, 계곡 건너로 연기처럼 사라지기 위해 필요한 훈련들이다.

산악극복훈련의 하이라이트는 각종 암벽 및 빙벽극복훈련이다. 까마득하고 아슬아슬한 바위 벼랑에 맨몸으로 매달려 거침없이 오르내리는 특전맨들의 모습은 그야말로 살아 있는 스파이더맨의 그것과 다르지 않다. 물론 바로 눈앞에서 보는 것이기에 스파이더맨보다 훨씬 더 대단하게 느껴지는 것이 사실이다. 전문 산악인들의 암벽 등반 기술을 능가하는 특전맨들의 산악극복훈련 현장을 찾아가보자.

특전맨이라면 누구나 산악극복훈련을 받아야 한다. 험준한 적지에 침투하고 활동하다 퇴출하기 위해 반드시 필요한 능력을 기르기 위함이다. 훈련은 주로 로프를 안전하고 신속하게 묶는 연습으로 시작하고, 이 로프를 이용하여 암벽을 오르내리는 기술을 획득하는 것이 기본이다. 하늘을 보고 로프에 매달려 절벽을 오르는 장면, 혹은 계곡 바닥을 향한 자세로 로프를 잡고 바람처럼 절벽을 달려 내려가는 장면을 연상하면 된다. 이어 대원들은 로프가 없는 암벽을 맨손으로 등반하는 자유 등반, 스스로 로프를 설치하고 줄사다리 등을 이용하여 암벽을 오르는 인공 등반 기술을 훈련하게 된다. 암벽 등반을 경험해본 사람은 알겠지만 엄청난 체력과 담력, 기술을 요하는 고난도의 훈련이다. 손 한 번 잘못 뻗으면 수십 길 아래로 추락할 수 있고, 발 한 번 잘못 디디면 그야말로 황천행이 될 수도 있다. 하지만 훈련은 전문 암벽 등반가 수준을 뺨치는 교관들에 의해 진행되고, 경험이 부족한 대원들에게는 안전장치가 마련된 상태에서 진행된다.

길이어도 좋고 길이 아니어도 좋고 맨몸으로 하늘을 날고 바다를 건너는 특전용사에게 육상의 골짜기와 계곡, 암벽은 장애물이 아니다. 필요한 곳이라면 어디든 오르내릴 수 있는 거미인간, 바로 검은 베레다.

산악극복훈련에는 일종의 고급 과정도 있다. 모든 대원들이 이수하는 과정은 아니고, 각 여단에서 선발된 우수한 인원들이 한곳에 모여 훈련을 한다. 이들은 자기 팀으로 돌아가 교관 역할을 하게 되고, 또 실제로 산악지역에 투입될 경우 가장 앞장서서 암벽을 등반한 뒤 로프를 내려주어 나머지 팀원들이 올라올 수 있도록 길을 개척하는 선등자 역할을 수행하게 된다. 당연한 말이지만 적지의 계곡이나 암벽에 로프가 설치되어 있을 리 없고, 안전고리를 걸 수 있는 볼트가 박혀 있을 리도 없다. 그야말로 아무것도 없는 모든 절벽에 맨몸으로 올라가야 하기 때문에 이들이 받는 훈련은 상상을 초월할 정도로 아찔하고 두렵다.

수십 척 높이의 암벽에 군화를 신고 매달려 오르고, 손으로 잡고 발을 디딜 수 있는 틈이라고는 좀처럼 찾아보기 힘든 바위에 스스로 볼트를 설치하고 로프를 걸어가며 줄사다리를 올라야 한다. 바위에 거미처럼 찰싹 달라붙어 손가락 한 마디의 힘으로 체중을 감당해야 하고, 도무지 허리를 펼 수 없는 곳에서 다리를 박차고 도약하여 다음 지점으로 이동해야 한다. 바위에 달라붙어 있는 내내 전신의 근육을 긴장시켜야 하고, 오로지 맨몸으로 깎아지른 벼랑을 기어올라야 한다. 거미가 따로 없고 스파이더맨이 울고 갈 지경이다.

이런 무시무시한 훈련을 이수한 특전맨들은 그야말로 땅 위에서 가지 못할 곳이 없는 전천후 요원이 된다. 이들 가운데 가장 성적이 우수한 대원은 매년 국가에서 지원하는 칠레의 산악전문과정에 입학하여 교육을 받을 기회도 주어진다.

이런 산악극복훈련을 받고 나면 그 기술은 실생활에서도 적잖게 유용하다. 아파트나 고층건물에 화재가 났을 경우 로프나 하강기, 혹은 천 조각을 이어 붙여 순식간에 피난할 수 있다. 다른 사람들과 함께 있다면 피난용 구명줄을 만들어 이들을 구출할 수도 있다.

상당히 위험하고 힘든 훈련이지만 모험을 즐기는 특전맨들은 암벽등반 등 개인적인 레저 활동에 활용하기 위해서도 산악극복훈련에 열심이다.

맨몸으로 절벽을 오르다 고등산악훈련에 참가한 특전맨들이 맨몸으로 깎아지른 절벽을 오르고 있다. 사진에 보이는 줄은 최후의 안전장치일 뿐 이들은 줄에 의지하지 않고 오로지 자신의 사지육신만으로 천길 벼랑을 오르내린다.

외줄에 의지해 절벽을 내려오면서 사격하라
90도 이상의 각도로 깎아지른 절벽 위에서 특
전용사들이 외줄에 의지해 지향사격자세로 하
강하고 있다. 밑에 적들이 있다면 집중사격에 좋
알 세례를 받게 될 것이다.

암벽을 평지처럼 완전군장을 멘 특전용사들이 가파른 절벽을 마치 평지처럼 내려오고 있다.

벼랑의 스파이더맨들 오로지 스스로의 힘만으로 벼랑을 정복한 특전용사들이 자신이 직접 설치한 줄에 의지해 하강하고 있다. 어떠한 지형과 악조건 속에도 임무를 완수하기 위해 특전용사들은 오늘도 비지땀을 흘리고 있다.

"조국이 명령하면 우리는 반드시 완수한다"
고난도 역래펠을 능수능란하게 해내는 특전
용사의 모습을 보노라면 감탄사가 절로 나온
다. 한 치의 오차도 없이 주어진 임무를 반드
시 완수해내겠다는 결연한 의지가 특전사 검
은 베레를 세계 최강 특전용사로 만드는 원동
력이다.

동계설한지극복훈련
- 혹독한 추위도 우리를 막지 못한다

혹한도 두렵지 않다 동계설한지극복훈련을 위해 특전요원들이 눈 덮인 산길을 행군하고 있다. 아무리 모진 북풍과 칼바람이라도 이들에게는 적이 되지 못한다.

전천후 인간병기를 꿈꾸는 특전사 대원들에게 날씨나 기후는 전투력 저하의 원인이 될 수 없다. 하지만 그들도 인간인 이상 영하 20도 이하의 혹한에서도 전투력을 유지하기 위해서는 평소 이를 극복하기 위한 특별 훈련을 아시 않을 수 없다. 남쪽보다 훨씬 추운 북쪽의 겨울, 나아가 시베리아의 북풍까지 염두에 둔 최악의 상황을 가정하고 행해지는 한겨울 훈련이 동계설한지극복훈련이다. 체감온도가 영하 30~40도까지 내려가는 강원도의 산속에서 행해지는 이 훈련은 여타 부대의 동계훈련과는 비교조차 하기 어려울 정도로 강도가 세다.

스키를 메고 행군하는 특전요원들 대지는 얼어붙고 뭇 생명들은 두텁게 쌓인 눈 밑에 고요히 엎드려 있다. 산짐승조차 나다니기를 꺼리는 산길에 특전요원들이 스키를 멘 채 행군하고 있다.

동계설한지극복훈련을 위해 특전맨들은 우선 각자의 부대에서 군장을 짊어지고 혹한 속에서 칼바람을 한껏 맞으며 훈련장까지 행군으로 이동한다. 그렇게 강원도 오지의 훈련장에 도착하면 신세대 특전맨들이 가장 좋아한다는 스키 훈련이 기다리고 있다. 스키 훈련은 한겨울의 설상에서 적보다 빠르고 신속하게 이동하면서 은밀하게 임무를 수행할 수 있도록 기동 능력을 키우는 훈련이다. 이를 위해 특전맨들은 우리의 전통 스키인 일명 고로쉬 스키 만드는 법을 배우고, 숏 스키로도 불리는 전술 스키 타는 법과 알파인 스키 타는 법을 익힌다. 레포츠로 배우는 것이 아니기 때문에 당연히 스키 훈련은 신속하고 혹독하게 진행된다. 게다가 이들은 맨몸으로 스키를 타는 것이 아니라 각종 장비를 지고 총을 든 채 스키를 타야 하고, 스키로 이

동하는 중에 사격을 하는 등 전투 능력도 키워야 한다. 팀 단위로 스키를 타고 이동하면서 전술도 익혀야 한다. 일정이 빠듯할 수밖에 없다. 어쨌든 이렇게 1주간 훈련을 하고 나면 특전맨들은 전에 한 번도 스키를 타 본 적이 없다고 하더라도 대략 민간 스키장의 중급 코스 이상에서 스키를 탈 수 있게 된다고 한다.

비교적 즐거운 훈련이라고 할 수 있는 스키 훈련에 이어지는 훈련은 전술훈련이다. 삽날조차 퉁겨 나오는 언 땅에 비트를 파고 매복하고, 한밤에 눈으로 뒤덮인 산속을 팀 단위로 이동하며 주어진 임무를 수행하는 훈련이다. 아침저녁으로 냉수마찰을 하고, 경우에 따라서는 얼음을 깨고 물속에 들어가야 한다. 혹독한 환경을 가정한 훈련이기에 식사조차 제대로 주어지지 않는다. 잡아먹을 동물도 없고 캐먹을 식물도 없는 메마

른 한겨울 산속이니 그저 눈으로 갈증을 풀고 배고픔을 이겨낼 수밖에 없다.

이렇게 천국과 지옥을 오가는 훈련을 마치고 나면 부대원들은 다시 군장을 메고 소속 부대로 행군하여 복귀한다. 이 과정에서 특전맨들은 날씨가 아무리 혹독하게 추워도 살아남는 법을 배우고, 추위와 배고픔을 이겨내고 적지에서 임무를 완수하는 능력을 키우게 된다. 이처럼 혹한기를 이겨내는 전술훈련은 그러나 모든 부대원들이 강원도의 군 전용 스키장 일대에서 동시에 받을 수는 없다. 훈련상이 이들을 다 소화할 수 없기 때문이다. 이에 따라 특전사는 주둔지 주변의 산에서 전술훈련을 실시하고, 인근의 민간 스키장에서 스키 훈련을 실시하도록 하고 있다.

"특전사가 좋은 이유 가운데 하나는 좋아하는 운동을 마음껏, 그것도 돈을 써가면서 하는 게 아니라 벌어가면서 할 수 있다는 것입니다."

군대에 와서 처음 스키를 배웠다는 이종대 중사의 말이다.

"민간에서 낙하산을 한 번 타려면 평균 14만 원이 든다고 합니다. 스킨 스쿠버를 해도 돈이고 암벽 등반을 하려 해도 돈이 듭니다. 이런 모든 스포츠, 혹은 레포츠를 공짜로 즐길 수 있는 곳이 특전삽니다. 그야말로 엄청난 보너스를 받으면서 사는 겁니다."

그의 얼굴에선 고농을 이겨내고, 하늘과 바다와 암벽을 즐기게 된 특전용사만의 멋과 여유가 한껏 묻어난다.

(왼쪽) **고로쇠 스키** 고로쇠나무로 만드는 전통 스키는 눈 덮인 적진에서 탈출할 때 가장 요긴하게 사용될 수 있다. 특전사 대원들이 고로쇠 스키를 신고 폴 대신 막대기를 짚으며 비탈을 자유자재로 질주하고 있다.

(오른쪽) **눈과 눈** 저격수는 우선 적의 눈에 띄지 않아야 한다. 반대로 언제 나타날지 모르는 적은 반드시 식별해야 한다. 0.1초를 위해 하루 이상을 미동도 없이 매복해야 하는 사람이 저격수다. 눈 밑에 매복한 특전사의 저격수(오른쪽)가 개인화기에 장착한 열영상조준경으로 전방을 응시하고 있다. 다른 특전대원(왼쪽)은 다기능 쌍안경을 통해 적정을 감시하고 있다.

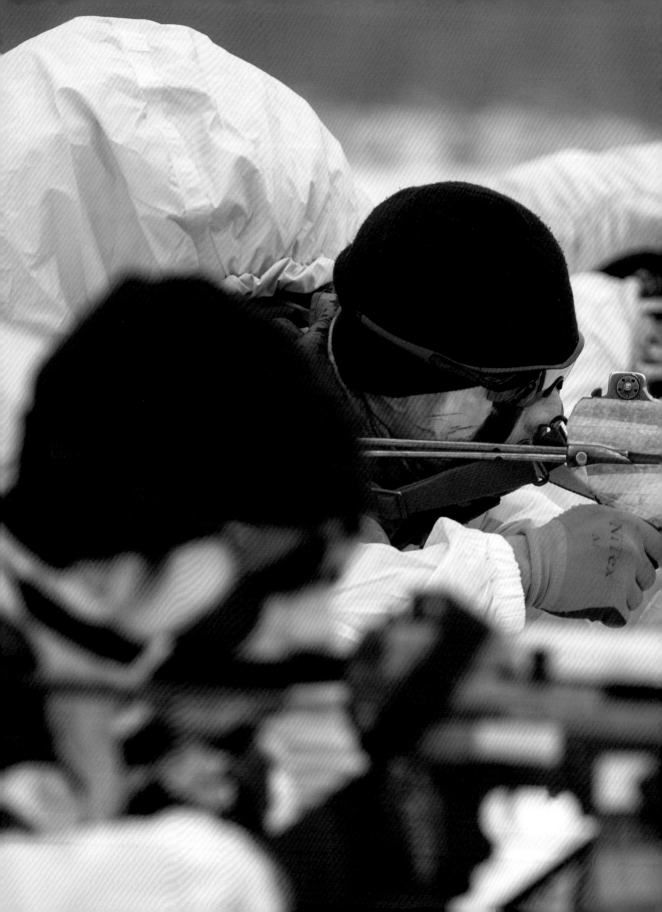

뜨거운 맛 눈 쌓인 벌판에 햇빛이 쏟아지면 사수의 눈동자는 초점을 잃고 방향을 가늠하기 어렵게 된다. 이를 방지하기 위해 선글라스를 착용한 대원들이 눈밭에서 온 신경을 집중해 사격훈련을 하고 있다.

피가 끓는다, 누구든 덤벼라 체감기온 영하 30도의 강원도 깊은 산속, 움직이지 않는 모든 것들은 얼어붙는다. 그러나 우리는 피 끓는 특전맨, 뛰고 달리고 맨몸에 눈을 마찰하며 영하 30도의 혹한을 이겨낸다. 이들 앞에 동장군은 적수가 되지 못한다.

무인도 생존훈련
- 어떤 환경에서도 살아남는다

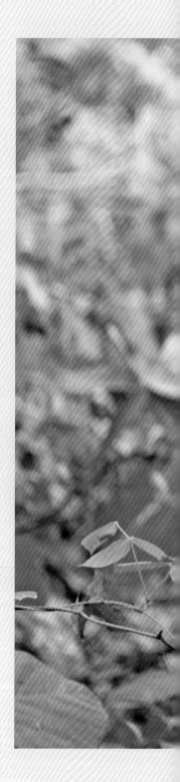

● 　　인간은 혼자 사는 존재가 아니다. 누군가와 어울리고 누군가의 도움을 받으며 삶을 영위한다. 군대 역시 마찬가지다. 육군은 공군의 지원을 받고, 해병대는 해군의 지원을 받아 전투를 수행한다. 혼자 할 수 있는 전쟁은 없다. 하지만 특별한 군대인 특전사의 경우 누구의 도움도 받을 수 없는, 그야말로 고립무원의 적지에서 임무를 수행해야 하고, 임무를 마친 뒤에는 혼자만의 힘으로 적지를 탈출하여 귀환해야 한다. 게릴라에 가까운 이런 특수 임무를 수행하기 위해서는 그 누구의 도움도 없이 생존하고 작전하고 기동하는 훈련을 해야 한다. 그런 훈련 중의 하나가 바로 무인도에서 행해지는 생존훈련이다.

생존훈련은 문자 그대로 생존 수단이 전혀 주어지지 않은 척박한 환경에서 살아남는 훈련이다. 식량은 물론 물조차 없는 상황에서 버텨야 하고, 그 와중에도 기동하고 은거하며 주어진 임무를 수행해야 한다.

그렇다면 팀 단위로 이루어지는 생존훈련에서 가장 고통스러운 것은 무엇일까? 우선 짐작할 수 있는 것이 갈증이다. 사람은 며칠을 굶고도 생존할 수 있지만 물 없이는 이틀 이상 버티기 어렵다. 인체의 70%는 물이고, 사람은 하루에 최소한 1.4리터의 수분을 체외로 배출한다. 이 최소한의 배출량은 소변을 통해 배출되는 것과, 폐와 피부를 통해 자연적으로 증발되는 양을 합한 것이다. 더위나 운동으로 인해 흘리는 땀을 제외한 최소한의 배출량이다. 따라서 인체가 정상적으로 작동하기 위해서는 아무것도 하지 않은 채 종일 누워만 있다고 하더라도 하루 최소한 1.4리터의 물을 마셔야 한다. 그런데 생존훈련에서는 이 물이 주어지지 않는다. 2개의 작은 산으로 이루어진 서해의 무인도 훈련장에는 샘도 없고 계곡도 없다.

고립무원의 적지에서 살아남기 물과 식량조차 떨어지고 사방이 적으로 가득한 고립무원의 적지에서도 특전용사는 살아남아 부대로 복귀해야 한다. 이런 극도의 악조건 속에서 자신의 생존을 지켜내기 위한 훈련이 바로 무인도생존훈련이다. 특전용사들이 무인도에 투입되어 정찰 활동을 벌이며 은거지 구축 장소를 찾고 있다.

이런 이유로 실제 무인도 투입에 앞서 특전맨들은 식수를 확보하는 방법을 배운다. 샘이나 마실 수 있는 물을 도저히 찾을 수 없을 때 최소한의 식수를 얻는 방법을 익히는 것이다. 그 방법 중 하나는 웅덩이 등에 고인 오염된 물을 정화하는 방법이다. 물을 정수할 수 있는 알약을 이용하기도 하고, 거름망을 이용하기도 한다. 또 다른 하나는 식물, 특히 잎이 큰 식물들을 이용하는 것으로, 이파리들을 투명한 비닐로 잘 싸두면 광합성 작용을 하는 과정에서 봉지 안에 물방울이 맺히게 된다. 이 물방울을 모아 식수로 이용할 수 있다. 또 다른 방법은 이슬을 모으는 것이다. 비닐을 넓게 펴두면 밤에 이슬이 맺히는데, 이를 잘 모아서 식수로 이용한다.

이런 방법들이 있기는 하지만 실제로 현장에서 해보면 결코 간단치 않다. 더러운 물을 정화하는 방법에는 일정한 도구가 필요하고, 나머지 다른 방법을 이용할 경우 모아지는 물의 양이 너무나 적다. 1개 팀이 갖가지 방법을 동원하여 1박 2일 동안 물을 모아봐야 한 사람 목을 축이기에도 부족할 정도다. 따라서 현실적으로 가장 확실한 방법은 갈증을 참아내는 것이다.

갈증 다음으로 견디기 어려운 것은 역시 허기다. 생존훈련에 참여하는 특전맨들은 병원의 침상에 누워 움직이지 않는 상태에서 배고픔을 이기는 훈련을 하는 것이 아니다. 보트에 실려 무인도에 도착하자마자 섬 전체를 수색하여 주둔할 곳을 정비해야 하고, 경우에 따라서는 매일 여기저기를 옮겨 다니며 비트를 파고 은신해야 한다. 적지를 가상한 전술훈련의 일환인 것이다. 따라서 더운 여름이라면 쉬지 않고 땀이 흐를 수밖에 없고, 갈증과 허기에 지친 몸은 음식물을 요구하며 비명을 지르게 된다. 그렇다면 아무도 없는 무인도에서 음식물은 어떻게 조달할 수 있을까?

가장 쉬운 방법이 낚시다. 특전맨들이 휴대하는 생존키트에는 응급의약품 외에 낚싯바늘 2개가 포함되어 있다. 바닷가가 아니라 산속이라면 별 소용이 없겠지만, 무인도에서 낚싯바늘은 특전맨들이 사용할 수 있는 최고의 사냥 도구다. 바늘 외에 줄과 낚싯대는 현장에서 구해야 한다. 이렇게 구한 도구들을 조립하여 물

고기를 낚음으로써 최소한의 음식물을 확보할 수 있다. 바닷가이기에 가능한 또 하나의 식량 조달법은 갯벌과 바위 등에 사는 어패류를 채취하는 것이다.

바다에서 획득하는 식량 외에 산에서도 동물성 식량을 획득할 수 있다. 우선 동물 가운데 가장 흔한 것은 파충류다. 개구리나 뱀 등이 대표적이다. 들쥐 같은 포유류도 있는데, 어느 정도 크기가 있기 때문에 잡기만 하면 허기를 면하는 데 큰 도움이 된다. 곤충류도 있는데, 썩은 고목에 사는 애벌레와 메뚜기 등이다. 너무 작아서 잡아봐야 간에 기별도 가지 않을 것 같지만, 굶고 나면 이것도 감지덕지다. 조류를 포획할 수도 있는데, 새들을 잡기 위해서는 덫이나 그물이 필요하다. 정상적인 그물이 있을 리 없으므로 메뚜기 등의 곤충을 잡아서 미끼로 걸고 덫을 놓는데 실제 포획은 생각처럼 쉽지 않다. 필자가 방문했던 무인도 생존훈련장에는 아쉽게도 동물들이 많지 않았다. 새들은 보이지 않았고 들쥐조차 찾기가 쉽지 않았다. 그 흔한 개구리 울음소리도 들을 수 없었다. 멧돼지라든가 고라니 따위가 있을 리 없었다. 고작해야 뱀들이 간혹 보일 뿐이었다.

이렇게 잡은 물고기며 어패류, 동물들은 날로 먹을 수 없다. 따라서 손에 넣은 음식물을 섭취하기 위해서는 우선 불이 필요하다. 하지만 이들에게는 성냥이나 라이터가 주어지지 않는다. 대신 팀에 하나씩 일회용 라이터만한 크기의 파이어 스틱(fire stick)이 주어진다. 칼 따위의 금속으로 확 긁으면 불길이 이는 일종의 채화용 숫돌이다. 그 밖에 활용할 수 있는 휴대품으로는 무전기 등에 이용하는 건전지가 있다. 껌 포장지에 있는 은박지와 이 건전지를 이용해서도 불을 지필 수 있는데, 이렇게 지핀 불을 잘 마른 나뭇잎 등에 옮겨 붙게 함으로써 불을 얻을 수 있다. 이 밖에도 특전사 대원들은 성냥이나 라이터를 이용하지 않고 다양하게 불 피우는 법을 배운다.

불을 피우는 데 성공했다면 음식물을 조리해야 한다. 조개 등의 해산물은 바닷물을 부은 반합에 넣고 끓인 뒤 까서 먹을 수 있다. 생선이나 육상에서 포획한 동물들은 구워서 먹는다. 마실 물도 없기 때문에 음식물을 조리하기 위해 물을 이용할 수는 없다.

누구나 즉석 요리사 무인도생존훈련에 참가한 특전대원들이 포획한 동물을 요리하기 위해 손질하고 있다.

바다는 식량의 보고 섬이나 바닷가에 고립될 경우 수중에서 물고기와 각종 해산물을 식량으로 획득할 수 있다. 무인도에서 훈련 중인 특전대원들이 잡은 물고기를 손질하고 있다.

불을 만드는 법 극도로 열악한 환경에서 생존을 보장하기 위해 반드시 필요한 것이 물과 불이다. 특전요원들은 무인도에서의 생존훈련을 통해 물을 얻고 불을 피우는 방법을 숙달한다. 생존훈련에 참기한 대원들이 파이어 스틱을 이용해 불을 피운 후 반합 안의 음식물을 익히고 있다.

무인도에는 식물들이 섬 전체를 뒤덮고 있다. 특전맨들은 이 식물들 가운데 무엇을 먹을 수 있고 무엇을 먹을 수 없는지 사전에 교육을 받는다. 가장 손쉬운 식물성 음식은 밤이나 도토리와 같은 열매다. 하지만 필자가 방문한 무인도에는 밤나무가 한 그루도 없었고, 도토리가 조금 있을 뿐이었다. 물론 그마저도 그 전에 생존훈련에 참여했던 대원들이 모두 따먹어서 열매는 거의 남아 있지 않았다. 그런데 용케도 청미래덩굴에 달린 열매들이 꽤 많이 남아 있는 곳이 눈에 띄었다. 그 전에 훈련을 받은 대원들이 미처 보지 못했거나, 산골이 아닌 도시 출신들이 많은 탓에 그 열매가 식용이라는 걸 몰랐을 수도 있을 터였다. 포도나무처럼 덩굴로 자라고 장미처럼 줄기에 가시가 달리는 청다래덩굴에는 명감이라고 불리는 앵두만한 열매가 열리는데, 푸를 때부터 발갛게 익을 때까지 언제든 따먹을 수 있다.

무인도에서 또 하나의 만만한 식량은 칡뿌리다. 필자가 찾은 무인도 역시 칡넝쿨이 온 산을 뒤덮고 있었다. 하지만 허기를 달랠 만큼 굵은 뿌리가 생길 정도의 칡은 이미 앞사람들에 의해 모두 사라진 상태였고, 나머지는 도저히 캘 수 없는 위치에서 자라는 작은 것들뿐이었다. 게다가 칡은 소화에 특효여서 사실 먹으면 먹을수록 배가 더 고파지게 만들고 갈증도 심화시키는 식물이다. 이래저래 온종일 헤매봐도 먹을 것은 많지 않았다.

이처럼 식수와 음식이 절대적으로 부족한 상황에서는 갈증과 허기를 참아내는 수밖에 방법이 없다. 그런데 이렇게 갈증과 허기를 무조건 참다 보면 누구나 무기력증에 빠진다는 것이 문제다. 앞에서도 설명한 것처럼 이들이 생존훈련을 하는 것은 생존 그 자체를 목적으로 한 것이 아니다. 적지에서 주어진 임무를 수행하고, 생존하여 퇴로를 찾아내는 것이 1차 목표다. 따라서 이들의 훈련은 단순한 버티기가 아니며, 매일 낮과 밤에 수행해야 할 임무들이 산적해 있다. 그런데 갈증과 허기에 지치다 보면 이런 임무들을 수행하기가 섬섬 힘들고 귀찮아지게 되며, 신경이 예민해져 전우들과의 의사소통에도 문제가 생길 수 있다. 이 모든 고통과 어려움을 이겨내야 진정한 생존훈련의 이수자가 된다. 그리고 이렇게 탄생한 특전맨은 혈혈단신 적지에 투입된다고 하더라도 반드시 살아서 임무를 수행할 수 있는 최강의 용사가 되는 것이다.

생존훈련을 위해 대원들은 사전에 1주일 동안 부대에서 예비 훈련을 한다. 먹을 수 있는 식물과 먹을 수 없는 식물에 대해 배우고(특히 독버섯에 대한 학습을 철저히 한다), 불을 피우는 법을 배우며, 식수를 얻는 법을 배우고, 올가미며 덫을 설치하는 방법도 익힌다. 또 닭, 토끼, 뱀 등을 포획하고 손질하는 일체의 방법도 배운다. 이 모든 준비가 끝나고 실제로 생존훈련을 마치고 나면 사막에서도 살아남을 수 있는 검은 베레가 되는 것이다.

해상척후조훈련
- 물이 땅보다 편안해질 때까지

● 　　　공수부대는 문자 그대로 공중을 통해 침투하는 부대다. 하지만 상황이 여의치 않을 때는 뭍이나 바다를 가릴 수 없다. 3면이 바다로 둘러싸인 한반도에서는 특히 바다를 통한 침투가 중요하다. 이처럼 바다를 통해 침투하고, 물의 안과 밖에서 각종 임무를 수행하기 위해 특전맨들은 다양한 해상훈련을 실시한다.

특전맨들은 우선 수영에 익숙해져야 한다. 이들이 하는 수영은 잔잔한 수영장에서 하는 일반 수영이 아니라 소위 전투수영으로, 화기를 비롯한 장비를 등에 지고 파도가 넘실거리는 바다에서 4km 이상을 맨몸으로 가야 한다. 파도에 몸이 밀리다 보면 이들이 실제로 수영하는 거리는 그 두 배쯤 된다. 맨몸으로 하는 수영 외에 오리발을 차고 하는 수영도 있는데, 그 수영 거리가 7km가 넘는다. 걸어서도 한 번에 가기 어려운 거리다.

이런 능력을 배양하기 위해 특전사 대원들은 여름마다 바다에 모여 훈련을 한다. 이런 해상침투훈련의 시작 역시 체력 단련이다. 장거리 전투수영의 필수 조건이 바로 다름 아닌 체력이기 때문이다. 물 위나 속에서 몸을 움직이는 수영은 사실 엄청난 체력을 요하는 운동이다. 수영장에서의 수영도 그렇지만 바다에서의 수영은 그 강도가 더 심하다. 장시간 물속에 있어야 하

기 때문에 저체온증도 이겨내야 한다. 이를 위한 준비는 역시 강철 같은 체력뿐이다. 때문에 특전맨들은 눈을 뜨자마자 해변을 달리고, 저녁식사 후의 휴식 시간에도 팔굽혀펴기와 턱걸이를 멈추지 않는다. 시켜서도 하지만 시키지 않아도 다들 자발적으로 한다. 체력이 준비되지 않으면 훈련을 받을 수 없고, 훈련을 소화하지 못하면 팀원으로 기여할 수 없음을 알기 때문이다.

이렇게 개인 장비를 몸에 지니고 혼자서 하는 전투수영의 막바지에는 당연히 평가가 기다리고 있다. 해변에서 까마득히 먼 수평선이나 외딴 섬에서 출발하여 해변까지 각자 정해진 시간에 도달해야 한다.

수영에 익숙해지고 나면 보트와도 익숙해져야 한다. 폭파와 저격 등 특수한 임무를 수행하기 위해서는 맨몸으로 수영을 통해 적지에 침투하는 것뿐만 아니라 각종 장비를 싣고 보다 신속하게 침투해야 하는 경우도 있기 때문이다. 이를 위해 특전맨들은 고무보트를 지고 나르거나, 보트 위에서 노를 젓는 법을 익혀야 한다. 훈련이 시작되면 대원들은 보트를 이고 해변을 달리고, 보트를 이고 물속에서 밥을 먹으며 훈련을 한다. 역시 엄청난 체력이 요구되는 훈련이다.

개인의 몸과 보트가 일심동체처럼 느껴질 정도로 보트에 익숙해지면 보트를 이용해 실제로 적의 해안에

적의 간담을 서늘하게 하는 수중침투훈련에 나선 특전대원들

체력이 곧 전투력 특전부사관들은 한 마디로 아마추어 군인이 아니라 프로 전투원이자 프로페셔널 인간병기다. 그리고 이런 전투력의 가장 밑바닥에는 일반인들이 상상하기 어려운 수준의 엄청난 체력이 있다. 그렇기 때문에 모든 해상훈련 역시 체력 단련으로 시작되고 끝난다.

침투하는 훈련을 받게 된다. 이처럼 보트를 이용해 적
의 해안으로 침투하기 위해서는 멀리 떨어진 원양에
서부터 출발해야 은밀한 침투가 가능하다. 그리고 이
를 위한 훈련으로 소프트 덕(Soft Duck)과 하드 덕(Hard
Duck)으로 불리는 침투훈련이 실시된다. 소프트 덕은
수면 가까이까지 하강한 시누크 헬기에서 보트를 바다
에 투하하고, 대원들 역시 곧바로 바다에 뛰어든 뒤 보
트에 탑승하여 해안까지 침투하는 훈련이다. 비행기 대
신 해군 함정에서 보트를 내리고 출발하는 훈련도 같
은 종류다. 하드 덕은 공수부대답게 하늘에서 출발한
다. 헬기가 사정상 수면 가까이 하강할 수 없을 경우 보
트도 대원들도 다 함께 낙하산을 타고 그대로 바다로
떨어져 내린다. 이어 낙하산을 정리하고 보트에 탑승하
여 해안까지 침투하게 된다.

　이상의 훈련이 모든 특전사 요원들에게 필요한 것이
라면, 보다 전문화된 요원들을 위한 훈련도 있다. 주어

진 임무상 해상 침투가 많을 것으로 예상되는 여단의 대
원들, 그리고 각자의 부대에서 해상침투훈련 교관을 맡
아야 할 전문 요원들을 양성하는 과정이라고 할 수 있
는 이 훈련을 흔히 해상척후조(줄여서 해척조, SCUBA)훈
련이라고 한다.

　이 훈련의 교관들 중에는 해군의 UDT 과정을 이수
한 전문가들이 포함되어 있으며, 일반적인 해상침투훈
련과 달리 심해 잠수와 폭파 등의 특수 훈련을 하게 된
다. 이때 맨몸으로 잠수하는 훈련은 물론 산소탱크 등
각종 장비를 이용한 심해잠수훈련도 병행된다.

　이렇게 숙달된 특전사 요원들은 평시에도 해난 구조
등의 임무에 투여된다. 서해 훼리호나 세월호 침몰 현
장에 출동하여 구조 및 인양 등을 진행한 것이 대표적
이다. 또 특전사는 평소 대민 지원 활동의 일환으로 한
강 등의 수중 정화 작업도 하고 있다.

소프트 덕 헬기나 함정에서 낙하산을 이용하지 않고 곧바로 보트를 바다에 떨어뜨린 후 대원들 역시 직접 다이빙으로 입수하여 침투하는 방법이 소프트 덕이다. CH-47D에서 먼저 보트를 떨어뜨린 뒤 대원들이 해상으로 뛰어들고 있다.

하드 덕 헬기에서 낙하산을 이용하여 보트 및 대원들을 해상에 투하하는 방식이 하드 덕이다. 특전사 대원들이 헬기에서 낙하산을 타고 바다 위로 강하하고 있다.

물 만난 고기들 특전용사들은 누구나 수영의 달인이 된다. 이런 기본기에 해상척후조훈련까지 마치고 나면 심해잠수를 비롯한 각종 잠수와 수영의 도사가 된다. 잠영을 통해 해안까지 침투한 특전사 대원들이 서서히 뭍으로 올라오고 있다.

물개처럼 빠르고 조용하게 모든 침투는 신속하고 은밀하며 조용하게 전개되어야 한다. 고무보트에 나누어 탑승한 특전용사들이 보트 바닥에 바짝 엎드린 채 지향사격자세로 해안을 향해 질주하고 있다. 적이 있든 없든 이들을 막기는 불가능하다.

먼저 쏘지 않으면 죽는다 군장을 메고 수영을 통해 해안까지 침투한 특전사 대원들이 경계를 유지한 채 상륙하고 있다. 엄폐물이 없는 해안에서는 반드시 적을 먼저 찾아내야 한다. 적의 눈에 띄는 순간 목숨을 담보하기 어렵다.

"**해안을 접수하라!**" 해안에 상륙한 특전중대 팀원들이 숨은 적을 찾아내고 해안을 확보하기 위해 적진으로 침투하고 있다. 이들에게는 머뭇거릴 여유가 없고 적들에게는 달아날 시간이 주어지지 않는다.

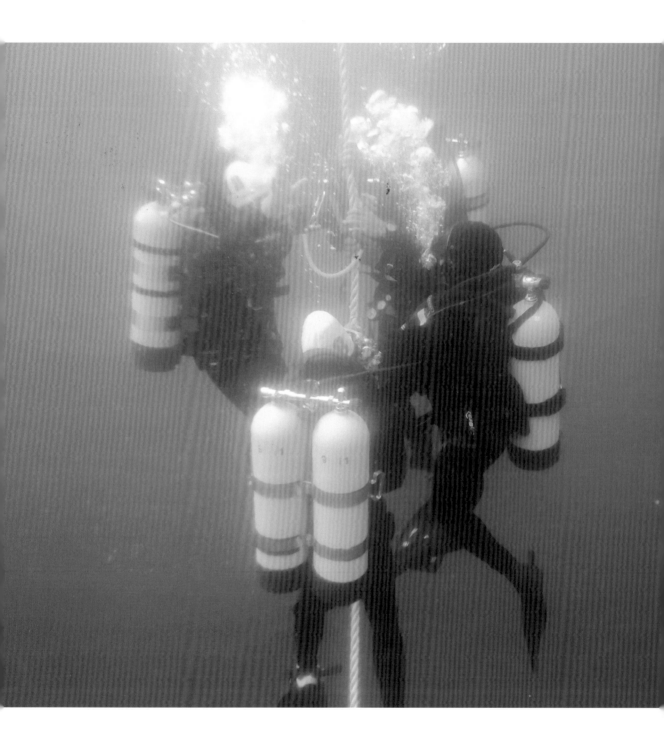

심해잠수 한 치 앞도 보이지 않는 또 하나의 세상, 심장까지 옥죄는 깊은 물속에서 특전사 대원들이 심해잠수 훈련을 하고 있다. 물 밖과 물속의 압력 차이를 극복하는 방법까지 익혀야 심해잠수사가 될 수 있다.

해상척후조훈련을 마친 특전맨들의 환호성 거센 바다에서 실전 같은 고된 해상척후조훈련을 마치고 진정한 전투요원으로 거듭난 특전용사들이 위장모를 하늘 높이 던져 올리며 환호하고 있다. 하늘과 땅에 이어 바다까지 접수한 이들에게 자신을 가로막는 장벽은 더 이상 없다.

대테러 훈련
- 테러리스트에겐 죽음뿐

● 　　　미국의 9·11테러는 전면전이 아닌 국지적 테러가 한 국가의 국민들에게 얼마나 큰 위협이 될 수 있는지를 생생하게 보여주는 사례였다. 게다가 개인이 이용할 수 있는 화기나 폭발물이 다양해지면서 전 세계적으로 테러는 점점 증가하는 추세다. 우리나라는 아직까지 테러 청정국으로 알려져 있지만, 결코 방심할 수 있는 상황은 아니다. 국가의 위상이 높아지면서 국제적인 행사들이 빈번하게 치러지고 있고, 그만큼 테러 발생 가능성은 점점 높아지고 있다.

　이런 테러에 대처하기 위해 국가에서는 경찰과 군에 대테러 임무를 분산하여 맡기고 있다. 기본적으로 국내에서 일어나는 테러의 경우 경찰이 진압을 맡는다. 하지만 테러의 규모가 방대하다거나 여러 테러가 동시다발로 발생할 경우에는 역시 군이 나설 수밖에 없다. 국가 차원의 대형 행사가 치러질 때 테러에 대비하기 위한 각종 예방 활동 역시 경찰력만으로는 부족하다. 해외에 거주하는 우리 동포들을 대상으로 한 테러는 처음부터 군이 맡는다.

대테러 종합훈련 테러가 빈번하게 발생하는 오늘날 특전용사들의 활약은 더욱 두드러진다. 테러리스트들이 화기와 각종 폭약을 동원하는 것은 물론이고 인질을 잡는 경우가 많기 때문에 보통의 경찰과 군인들로는 이들을 상대할 수 없다. 이렇게 누구도 상대할 수 없는 적이 나타날 때 가장 먼저 달려오는 부대가 특전사다. 넘을 수 없는 벽을 넘고, 오를 수 없는 건물을 오르며, 순식간에 적들의 이마에 총탄을 날리는 사람들, 그들이 바로 특전맨들이다.

이처럼 다양한 테러 상황에 대처하기 위해 특전사 요원들은 기본적으로 대테러 훈련을 받는다. 차량, 건물, 지하철이나 기차, 비행기 등에서 발생할 수 있는 일체의 테러 상황을 가정하고, 또 인질이 붙잡혀 있는 상황을 가정한 상태에서 테러범을 순식간에 제압하거나 사살하는 훈련을 실시하는 것이다.

훈련은 당연히 실전을 방불케 한다. 래펠을 통해 헬기에서 건물 옥상으로 일시에 하강 또는 엘리베이터, 굴뚝, 사다리, 비상구 등 다양한 통로를 이용하여 테러분자가 의도하지 못하는 방향으로 접근하고 옥상에서 늘어뜨린 로프에 의지하여 순식간에 창문을 깨고 건물 내부로 진입한다. 한두 층 높이의 건물은 사다리를 걸쳐놓고 눈 깜짝할 사이에 달려 올라가 창문을 깨고 진입하기도 한다. 그렇게 테러범에게 자신의 존재를 드러낸 후 요원들이 사용할 수 있는 시간은 단 5초 이내. 폭음탄이나 연막탄이 터지면서 테러범들이 잠깐 어리둥절해하는 순간에 모든 상황을 마무리 지어야 한다. 인질을 뒤에서 잡고 목에 칼을 겨누고 있는 테러범, 다수의 사람들을 총기로 위협하고 있는 테러범, 창문 앞에서 기관총을 들고 요원들이 나타나기를 기다리는 테러범 등 이들이 마주칠 상황은 사진에 예상기도 이려운 것들이다. 그러나 요원들은 한번 몸을 움직인 이상 지체 없이 달려들어 순식간에 범인들을 제압해야 한다. 사격 실력이 출중해야 하는 것은 물론이고 때로는 자신의 몸으로 범인들 다수를 제압해야 할 수도 있다. 움직이는 차량을 이용한 테러 역시 대처하기가 쉽지 않다. 달리는 기차에 올라타야 하고, 지그재그로 움직이는 차 안에서도 인질을 피해 적을 사살할 수 있어야 한다. 영화에서나 가능할 이런 대테러 작전을 실제로 현실에서 수행하는 부대가 특전사다.

테러에 대비한 훈련의 실제 내용은 한두 가지가 아니다. 키보다 몇 배나 높은 담장을 뛰어넘거나 굴뚝을 통해 건물 내부로 침투할 수 있어야 하고, 여러 층 높이의 건물을 단 한 번의 도약으로 뛰어내려 정확히 창문으로 침투할 수 있어야 한다. 달리는 버스에 매달릴 수 있어야 하고, 한 사람이 몇 명인지 모를 테러범들을 순식간에 사살하거나 제압할 수 있어야 한다. 어디에 매설되어 있는지 알 수 없는 폭발물을 찾아내고 피하고 처리해야 한다. 언제 어떤 상황에 놓이게 될지 알 수 없기 때문에 최악의 모든 상황을 가정하고 훈련에 임해야 한다. 따라서 강인한 체력과 다양한 전투능력 없이는 대테러 작전이 불가능하고, 체력과 전투력을 갖춘 특전용사들이 이 임무를 맡을 수밖에 없는 것이다.

"침투지점 확보!" 대테러 종합훈련에 나선 특전맨들이 건물 외벽을 달려 내려와 열린 창문을 통해 내부로 신속히 침투하고 있다. 분단위가 아니라 초 단위로 작전이 전개되고, 0.1초의 망설임도 허용되지 않는 것이 대테러 작전이다. 전투기술과 체력 외에도 현장 상황에 맞게 즉각 대응할 수 있는 창의성이 있어야 최고의 대테러 요원이 될 수 있다.

군경 합동 대테러 훈련 인천 해양경찰 특공
대원들과 특전요원들이 합동으로 인천항 터미
널에서 대테러 훈련을 하고 있다. 국내 테러는
경찰이, 해외 테러는 군이 맡도록 임무가 나뉘
어 있으나 우리 군과 경찰은 이렇게 수시로 합
동 훈련을 통해 팀워크를 다지고 있다. 이들이
있는 한 대한민국은 테러로부터 가장 안전한
나라로 남을 것이다.

특수임무부대의
인간병기들

● 　　널리 알려진 것처럼 특수전사령부 직할의 특수
임무부대는 대테러 임무를 위해 특별히 편성된 부대다. 평
시에는 대테러 작전이 주 임무고, 전시에는 적의 제1호 도
시에서 X파일로 불리는 특수 임무를 수행하게 된다. 이처
럼 비밀스럽고 특수한 임무를 수행하는 부대인 만큼 그 구
성이나 훈련 등에 대해 알려진 것이 많지 않다. 사실 특수
임무부대의 대원 얼굴 사진 자체가 2급 비밀일 정도로 베
일에 싸인 부대다.

　특수임무부대는 특전사의 전투요원 가운데서도 체력이
나 전투력 면에서 최고의 기량을 갖춘 요원들만 별도로 선
발하여 구성한다. 의무 복무 기간을 채우고 장기 복무를
선택한 중사 이상의 요원들 중에서만 선발하던 시기도 있
었으나, 지금은 장단기를 가리지 않고 최고의 체력과 최
고의 전투력을 갖춘 인재들 중에서 선발한다. 이처럼 이미
수많은 난관을 뚫고 특전맨이 된 용사들 가운데 다시 최고
의 요원만을 선발하기 때문에 특수임무부대를 특전사 중
의 특전사라 부르기도 한다. 여기에 선발되었다는 것은 최
고의 특전맨으로 인정받았다는 것이기 때문에 그 자부심
과 자긍심은 대단하다. 일반인은 특전맨이 될 수 없고, 일
반 특전맨은 특수임무부대 요원이 될 수 없다.

우리는 언제나 히든카드 특전사 직할의 특수임무부대는 특전맨들 가운데서도 정예 요원들로만 선발하여 구성한다. 이들의 신상과 얼굴 사진 자체가 국가가 지정한 기밀이다. 사진은 흑복(검은색 대테러 전투복)을 입은 특수임무부대의 대원들이 대테러 훈련을 하고 있는 모습.

특수임무부대에 들어가면 보다 전문적인 대테러 훈련을 받게 된다. 개별 여단들에서 실시하는 대테러 훈련은 기본이고, 이보다 훨씬 강도 높은 전문 훈련을 실시하는 것이다. 이런 훈련을 소화하기 위해서는 역시 남다른 체력이 필요하다. 그리고 이때 남다른 체력이란 일반 사회인들의 그것에 비해 남다른 체력이 아니라, 최고의 체력을 자랑하는 특전맨들의 체력에 비해 남다른 체력을 말한다. 그만큼 들어가기도 어렵고 훈련을 버티기도 어려운 곳이 특수임무부대. 이들은 주둔지 외에 별도의 대테러 훈련장을 갖추고 아무도 상상할 수 없는 비밀스런 훈련을 실시하고 있는 것으로 알려져 있다.

특수임무부대에는 여성 요원들도 있다. 이들은 남자 요원들과 마찬가지로 직접 대테러 작전에 참가하기도 한다. 그런데 놀랍게도 특수임무부대 여성 요원들은 하나같이 날씬하고 미모도 출중한 편이다.

그렇게 날씬하고 여려 보이는 여성들이지만, 이들이 지닌 전투력은 상상을 초월한다. 맨몸으로 어지간한 남자 서너 명은 순식간에 해치울 수 있고, 비좁은 공간에서도 총이나 수류탄을 든 테러범을 단번에 제압할 수 있다. 보지 않으면 믿기 힘들지만, 이들은 영화에서나 볼 수 있는 미모의 킬러들과 다르지 않다. 다른 점이 있다면 영화 속의 그녀들은 가공의 인물인 데 반해, 이들은 실존하는 인물이라는 정도다.

대테러 작전을 전문으로 하는 특수임무부대는 외국의 대테러 전문 부대들과 교류도 많은 것으로 알려져 있다. 한미 대테러 부대의 연합훈련을 포함하여 외국에 나가 가장 최신의 대테러 전술을 습득하고 국내에 전파하는 것도 이들의 몫이다. 다른 한편으로 특수임무부대는 세계 최고 수준의 대테러 부대로 외국에도 널리 알려져 있다. 그래서 특수임무부대의 전투력과 기술을 습득하기 위해 외국 유수의 대테러 작전팀들이 수시로 전지훈련을 오기도 한다. 대테러 작전을 수행하는 우리 경찰 역시 특수임무부대의 도움을 받아 훈련과 작전을 수행하고 있으며, 경찰의 대테러 작전팀 팀원 대부분은 사실 특수임무부대나 특전사 출신들이다.

저격훈련
- One Shot One Kill

● 　대테러 작전이나 적지에서의 암살 임무 등을 수행하기 위해 반드시 필요한 것이 저격이다. 저격수 한 명의 전투력이 1개 중대 병력의 그것과 맞먹는다는 말이 있고, 실제로 저격이 아니고는 해결할 수 없는 상황들이 여럿 존재한다. 이런 상황에 대처하면서 은밀하고 재빠르게 임무를 수행하기 위해 특전사에서는 저격수 양성에도 많은 노력을 기울이고 있다. 물론 저격수는 특전사에만 있는 것은 아니며, 육군과 해병대에도 저격수가 있다. 하지만 단기간 군생활을 하는 일반 병사들의 저격훈련과 직업군인이자 특수부대 전투요원인 특전맨의 저격훈련이 같을 수는 없다. 특전사의 전문적인 저격훈련은 주로 팀원 중 화기를 주특기로 하는 요원들을 대상으로 이루어진다. 모든 특전맨이 전문적인 저격훈련을 받는 것은 아닌 셈이다.

　영화에서 보면 저격수들은 대체로 많이 움직이지 않는 것으로 묘사된다. 옥상이나 바위 위, 혹은 나무나 건물 뒤에 잠시 숨어 있다가 목표물이 나타나면 신중하게 사격을 가하여 백발백중 명중시키는 사람들이 영화 속의 저격수들이다. 이런 영화를 보고 있노라면 저격수의 최대 미덕은 신중함과 사격 실력이라는 인상을 받게 된다.

　하지만 실전에서의 저격수에게 가장 먼저 요구되는 것은 체력이다. 무거운 저격용 소총을 들고 산과 들판을 뛰고 달릴 때에도 체력은 필수고, 한두 시간이 아니라 하루 이상 움직이지 않고 매복 자세를 유지하기 위해서도 체력은 필수다. 길리 슈트(Ghillie Suit)로 불리는 무거운 위장복을 입고 풀숲에 엎드린 채 총에 달린 조준경에서 1초도 눈을 떼지 않는 사람들이 저격수다. 움직이지 않으니 큰 체력이 필요할 것 같지 않지만 사실은 전혀 그렇지 않다. 식음과 배뇨를 전폐한 채 장시간 한 자세를 유지하고 적을 기다려야 하는 저격수의 임무는 체력 없이는 수행 불가능한 것이다. 게다가 저격 이후에는 위치가 노출되기 마련이어서 신속하게 탈출할 수 있어야 하는데, 이 또한 체력 없이는 불가능한 일이다.

　저격수에게 체력 다음으로 중요한 것은 역시 정확한 사격 실력이다. 사격에 뛰어난 사람들을 보통 특등사수라고 하는데, 이런 특등사수들 가운데 추리고 추려서 다시 전문 교육을 시킨 사람들이 바로 저격수다. 특전사 역시 최고의 특등사수들 가운데 요원을 선발하여 전문 저격수로 양성하고 있다.

　오늘날의 저격용 소총은 그 성능이 워낙 뛰어나기 때문에 사실 충분한 시간이 주어지고 날씨만 도와준다면 누구나 500m 내외의 표적은 충분히 명중시킬 수 있

길리 슈트를 입은 서석수 바위처럼 우직하게, 동시에 깃털처럼 예민하고 섬세하게 자기 자리를 지키다가 순간적으로 나타나 적을 사살하는 것이 저격수의 임무다. 순식간에 스쳐 지나가는 표적을 단 한 발에 명중시켜야 하기 때문에 이들에게는 고도의 집중력이 요구된다.

다. 하지만 실전에서는 이런 상황이 주어지지 않는다. 저격을 준비할 시간이 얼마나 주어질지 알 수 없고, 비바람이나 눈보라가 몰아칠 수도 있다. 게다가 표적은 정지된 것이 아니라 움직이는 것일 확률이 높다. 바람은 물론 온도와 습도까지 계산해야 하고, 목표물과의 정확한 거리를 계산해야 하는 실전의 저격에서는 아무리 뛰어난 사수라도 각각의 상황에 맞는 훈련이 몸에 배일 정도로 숙달되어 있지 않으면 저격을 성공시킬 수 없다. 따라서 뛰어난 저격수가 되는 첫걸음은 여러 상황들을 감안한 다양한 상태에서 훈련을 반복하는 것이다. 그리고 이런 훈련이 실제로 가능한 곳은 특전사밖에 없다. 복무 기간이 긴 직업군인들이 있고, 전문화

된 주특기가 부여되며, 훈련에 필요한 각종 저격용 소총과 탄환들이 이곳에만 있기 때문이다.

앞에서도 언급한 것처럼 정확한 저격을 위해서는 목표물과의 거리, 당시의 바람과 온도와 습도까지 모두 정확히 알아야 한다. 이런 이유로 실전에서의 저격은 혼자가 아니라 2인 1조로 이루어진다. 사수와 부사수가 있고, 서로가 역할을 나누어 임무를 수행하는 것이다. 오늘도 우리의 특전맨들은 산악과 벌판을 달리며 다양한 저격용 소총을 들고 실전에 가까운 훈련과 연습을 반복하고 있다. "원 샷 원 킬(One Shot One Kill)"을 신조로 하는 이들에게서 달아날 수 있는 적은 어디에도 없다.

항공화력유도훈련
- 어디에도 숨을 곳은 없다

●   전시의 특전사 요원들은 주둔지가 아니라 적지에서 활동하며 임무를 수행하게 된다. 보병부대가 적을 밀어내고 일정한 구역을 확보하는 작전을 구사하는 데 반해 특전사는 적들이 차지한 영역 안에서 주어진 임무를 수행한다. 이처럼 사방이 적으로 둘러싸인 가운데 폭파, 암살, 납치, 구출 등 특수작전 임무를 수행하는 것이다. 이들이 적의 후방에 침투하여 수행하는 또 다른 중요한 임무 중 하나는 아군의 화력을 정확한 지점으로 유도하는 것이다.

우리는 이라크전이나 걸프전, 혹은 전쟁 영화 등을 통해서 항공기나 전함 등에서 정밀폭격을 가하여 적의 진지나 요새 등을 파괴하는 장면을 보아왔다. 이처럼 아군이나 민간인의 희생을 예방하면서 적의 핵심(심장)을 정확하게 타격하기 위해서는 다양한 기술들이 동원되는데, 인공위성이나 첨단유도무기, 혹은 무인항공기에서의 정찰자료 등이 그것이다. 하지만 실전에서는 이런 과학적 장비와 데이터만으로는 정밀폭격을 성공시키기 어렵다. 적의 요새가 지하에 있을 수도 있고, 적군과 민간인의 구별이 용이치 않을 수도 있는 것이다. 그렇다면 또 어떤 방식이 있을까? 첨단과학시대에 다소 아날로그적인 방법처럼 느껴질 수도 있지만, 아군이 직접 적의 진지나 요새 등을 눈으로 확인하고 폭격을 유도하는 방법이 있다. 그리고 이것이 가장 확실

한 방법이자 현재 미군을 비롯한 선진국의 특수부대들이 실전에서 이용하는 방법이기도 하다.

이처럼 사람이 직접 폭격을 유도한다고 할 때 실전에서 이를 맡을 수 있는 부대는 사실 특전사밖에 없다. 적의 후방에 침투해 소규모로 은밀하고 소리 없이 기동할 수 있는 부대가 바로 특전사이기 때문이다. 실제로 특전사에서는 아군의 항공 폭격이나 지상 및 해상에서의 포격을 유도하는 훈련을 하고 있다. 항공기에 의한 폭격을 주로 염두에 두기 때문에 이를 흔히 항공화력유도훈련이라고 한다. 정작과 통신 주특기를 부여받은 특전맨과 중대장 등이 훈련의 주요 대상이 된다.

적지에 투입된 특전맨들은 특정 지휘소나 지하의 시설 등을 눈으로 확인한 뒤, 그 좌표 등 자세한 정보를 아군 항공기에 전달하게 된다. 이때 무선으로 보고할 수도 있고, 최첨단 장비를 이용해 상호 교신으로 표적을 확인할 수도 있다. 특전맨이 눈으로 보고 있는 표적 영상이 항공기 조종사에게 그대로 제공되고, 역으로 조종사가 보고 있는 영상이 특전맨에게 그대로 제공되는 시대에 우리는 살고 있다. 이런 정보를 바탕으로 아군의 항공기는 지하시설을 비롯하여 숨겨진 그 어떤 곳에라도 정밀폭격을 가할 수 있게 된다. 특전맨의 눈에 띈 이상 적에게 숨을 곳은 더 이상 남아 있지 않게 된다.

"전장의 눈이 되어" 표적을 정밀타격하기 위해 적 후방 깊숙이 침투해 실시간으로 표적에 대한 첩보를 제공하고 항공화력을 유도하는 것 역시 특전맨의 임무다. 항공화력유도훈련 중 적지에 투입된 특전맨이 위장복과 위장막으로 몸을 숨긴 채 공지무전기 CSZ-50로 아군의 항공화력을 유도하고 있다. 일반 무전기는 물론 위성통신용 무전기도 활용된다.

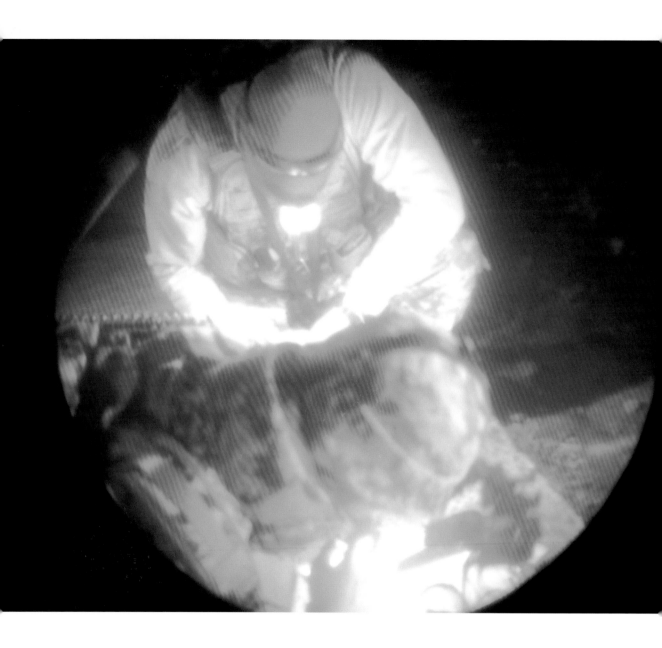

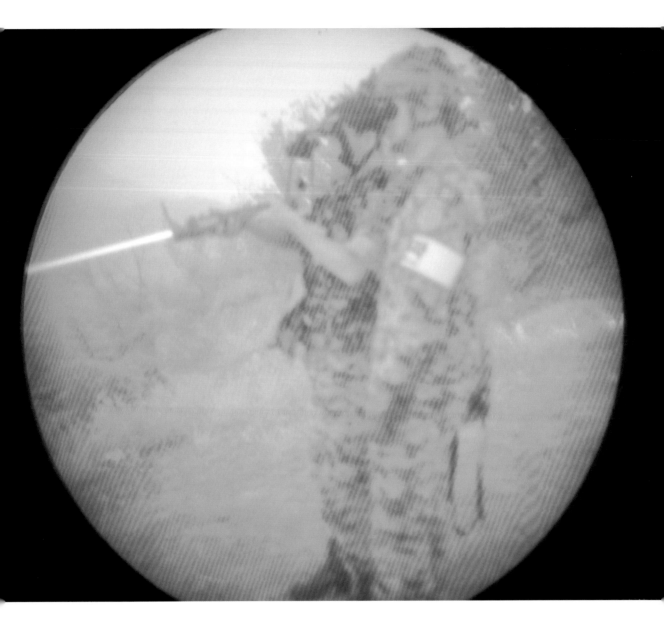

야간 항공화력유도훈련 사람의 눈이 제 역할을 수행할 수 없는 야간에는 아군의 항공화력을 유도하기 위해 최
첨단 장비들이 동원된다. 야간 시야 확보를 위한 나이트 비전(Night Vision, NV) 시스템은 어둠 속에서 인간의
시각능력을 훨씬 능가하는 시각 정보를 제공한다.

특공무술훈련
- 일격필살

●   특전사 하면 바로 낙하산과 더불어 특공무술을 떠올리는 사람들이 많다. 그만큼 특전사를 대표하는 훈련 가운데 하나가 특공무술이다. 국군의 날 기념식 등을 보면 거의 빠지지 않고 특공무술 시연이 벌어지는데, 그 주인공은 당연히 검은 베레다. 우렁찬 기합소리와 함께 기와나 벽돌은 물론 세상에서 가장 단단한 돌로 알려진 대리석과 유리병을 맨손으로 박살내는 이들의 모습은 간담이 서늘해질 정도로 공포와 전율을 느끼게 한다. 실제로 이들과 만나 육박전이 벌어진다면 누구도 살아남기 어렵다. 이는 이들의 온몸 구석구석이 무기이기 때문이기도 하고, 이들이 누구보다 인체의 급소에 대해 정통하기 때문이다.

특전맨들은 누구나 특공무술을 연마하는데, 특공무술이 일반 체육관이나 도장에서 배우는 각종 무술과 가장 크게 다른 점은 일격필살의 전투용 무술이라는 점이다. 사회에서의 무술은 심신 단련을 그 기본 목표로 하는 반면, 특공무술은 적의 제압, 나아가 살상을 목표로 한다. 이런 특성 때문에 특전맨들은 구체적인 무술 동작에 앞서 인체의 급소에 대해 배우고, 이를 바탕으로 일격에 적을 제압하고 쓰러뜨릴 수 있는 방법을 익히게 된다. 일격에 제압하지 못하면 적에게 반격의 기회를 주게 되고, 그러면 자신이 당할 수도 있기 때문에 특전맨들이 연마하는 특공무술에서는 무엇보다 간결하고도 과감한 동작이 중요하다.

군대에서 특공무술을 연마하여 사회에 나온 뒤 어깨에 힘을 주고 다니려는 젊은이들이 있다. 하지만 이는 아주 어리석은 생각이다. 자기 자신을 비롯하여 누군가를 보호하고 방어하기 위한 목적이 아니라면 적군에게 사용할 무술을 함부로 사용해서는 절대 안 된다. 실제로 특공무술 교관 출신 민간인이 패싸움에 휘말렸다가 상대를 죽음에 이르게 한 경우가 있었는데, 법원은 급소를 잘 인지하고 있는 그가 바로 그 급소를 가격한 것은 살인행위라고 판단했다. 단순한 폭력사건으로 끝날 수도 있는 일이 살인사건이 된 것이다. 이처럼 특공무술은 매우 위험한 무술이기 때문에 특전사에서는 훈련을 할 때 철저한 보호 장구를 착용하고 훈련을 시킨다.

이것이 진정한 한판! 여성 특전대원이 건장한 체구의 남성 특전대원을 업어메치기로 땅위에 쓰러뜨리고 있다. 남녀를 불문하고 특전 요원들은 이처럼 상대를 일격에 제압할 수 있는 특공무술을 쉼 없이 연마한다.

인간병기란 이런 것 무시무시한 살상력으로 적을 단숨에 제압하지 못하면 내가 당한다. 이 단순한 사실을 한순간도 잊을 수 없기에 특전요원들은 오늘도 맨손으로 수십 장의 대리석 격파하기, 화염링 통과하기, 맨손으로 맥주병 격파하기 등 우리가 상상하기 어려운 특공무술을 수련한다.

어떤 상황에서도 지지 않는 용사들 칼을 들고 덤비는 상대. 총을 들고 덤비는 상대 앞에서도 주눅 들지 않고 자신의 온몸을 활용해 적을 제압하는 용사들이 특전사 대원들이다. 한 치의 흐트러짐 없는 절도 있는 동작과 결연한 표정은 고난도 훈련을 끊임없이 연마한 결과다.

제주도 전술훈련
- 지상에서 가장 아름다운 훈련장

● 제주도의 한라산과 오름들은 유네스코가 지정한 세계자연유산이다. 인류가 길이 가꾸고 보존해야 할 가장 소중하고 빼어난 자연이라는 의미다. 그만큼 아름다운 섬이 제주도다. 내국인은 물론 일본과 중국을 비롯한 해외 관광객들로 사시사철 붐비는 이곳 제주도의 한라산 산록에는 민간인들이 잘 모르는 특전사의 전술훈련장이 자리하고 있다.

그렇다고 특전사의 특정 부대가 이곳 제주에 항상 주둔하고 있는 것은 아니다. 대신 각 여단에서 1개 대대씩이 돌아가면서 이 제주의 훈련장에서 한 달 동안 전술훈련을 한다. 1여단의 A대대가 1개월, 3여단의 B대대가 그 다음 1개월, 7여단의 C대대가 그 다음 1개월 하는 식으로 제주도의 이 훈련장에 주둔하며 전술훈련을 하고 있는 것이다.

물론 한라산이 아름답고 훈련하기 좋아서 특전사가 바다 건너 이곳에 훈련장을 마련한 것은 아니다. 제주도는 기본적으로 제주방어사령부가 방어를 담당하고 있는데, 사실 이 부대는 평상시 필수 인원으로만 존재하는 부대다. 따라서 유사시 제주도 방어를 효과적으로 수행하기 어렵고, 긴급한 재난이 발생하여 군의 도움이 필요할 때에도 구원을 기대하기 어려운 형편이다. 이런 문제를 해결하기 위하여 특전사가 제주도에

눈 쌓인 한라산 특전사는 대대별로 한 달씩 제주도에 주둔하며 전술훈련을 실시한다.
한겨울에 제주에 도착한 특전용사들이 눈밭을 뚫고 한라산 정상을 향해 행군하고 있다.

한라산 설한지훈련 중 무장전술행군 사람의 키만큼 눈이 쌓이는 한겨울의 한라산은 따뜻한 남쪽 나라가 아니다. 아름드리나무들조차 제 모습을 유지하기 어려울 정도로 폭설이 내린 아침, 특전요원들이 무거운 군장을 메고 한라산 기슭에서 무장전술행군을 실시하고 있다.

순환식으로 주둔하게 된 것이다.

한 달간의 제주도 전술훈련 역시 특전사 훈련인 만큼 그 과정이 고되고 혹독하다. 여름이든 겨울이든 수시로 한라산을 등반해야 하는데 당연히 관광객들이 주로 오르내리는 길이 아니다. 아침저녁에는 구보와 서킷 트레이닝으로 체력을 단련한다. 낮에는 각자의 주특기 능력 향상을 위한 훈련과 팀 단위의 전술훈련이 연속해서 실시된다. 밤이라고 조용히 지나가지는 않는다. 칠흑같이 어두운 잡목림 사이에서 가시에 찔리고 돌부리에 채이며 침투훈련을 해야 한다.

이처럼 고된 훈련임에도 불구하고 특전맨들에게 제주도 전술훈련은 가장 기다려지는 훈련 가운데 하나라고 한다. 첫째는 남들이 돈 주고도 가기 어려운 제주도에 공적으로, 그것도 무료로 가볼 수 있기 때문이다. 제주도에 가지 않는다고 훈련이 없는 것은 아니므로 기왕이면 제주도에서 하는 훈련이 좋은 것이다. 둘째는 삭막할 수도 있는 군대생활에서 제주도 체험은 그야말로 남다른 추억이 되기 때문이다. 옥빛의 바다와 사시사철 비경을 자랑하는 한라산이 있고, 억새가 아름다운 중산간과 아기자기한 오름들이 펼쳐진 제주에서의 한 달은 특전맨들에게도 더없이 즐거운 기억을 남기는 것이다. 게다가 제주는 뭍에서와는 사뭇 다른 공기가 가득 찬 섬이다. 여름에는 시원하고 겨울에는 따뜻하며, 탁 트인 하늘과 깊은 골짜기가 동시에 어우러진 곳이다. 그러니 누구나 제주도 전술훈련을 기다리는 것이다.

수송기로 제주공항에 도착한 특전맨들은 버스에 실려 막사 인근에 있는 충혼비부터 찾아 참배하고 그 이후에 여장을 푼다. 이 충혼비는 1982년 2월에 이곳 한라산에서 경호 작전 임무를 수행하던 중 기상 악화로 인한 헬기 추락 사고를 당하여 순직한 특전용사 47명과 공군 대원 6명을 기리기 위해 건립된 것이다.

제주도 전술훈련 풍경은 요즘 많이 달라지고 있다고 한다. 과거와 달리 특전맨들이 훈련장으로 사용할 수 있는 지역이 점점 더 좁아지고 있기 때문인데, 특히 제주도가 유네스코 자연유산으로 지정되면서 더 심해졌다. 예전의 제주도 전술훈련은 공항에서부터 곧바로 시작되었다고 한다. 밤중에 항공기에서 내리면 저마다 팀별로 흩어지고, 팀원들은 각자의 군장을 메고 나침반과 지도에 의지하여 캄캄한 밤길을 걸어 주둔지까지 도보로 이동했다는 것이다. 말하자면 침투훈련인 셈이다. 이후의 모든 전술훈련 역시 한라산 전체와 제주도 전역에 걸쳐 진행되었고, 특전맨들은 제주도 곳곳의 산간과 계곡과 들판을 누비고 다니며 실전에 가까운 전술훈련을 할 수 있었다. 하지만 이는 이제 옛말이 되었다. 한라산이 국립공원이 되면서 훈련장에 제약이 생기기 시작하더니 마침내 제주도가 유네스코의 세계자연유산으로 지정되면서 행군조차 하기 어려운 형편이 되었다는 것이다. 이렇게 훈련장은 좁아졌지만 오늘도 특전맨들은 우리 대대의 제주도 전술훈련이 언제인지를 손꼽아 기다리고 있다.

한여름 제주 전술훈련 제주는 세계적으로 손꼽히는 아름다운 섬이다. 유네스코가 인정한 이 남쪽의 낙원에서 위장을 한 특전용사들이 숲속을 헤치며 전술훈련을 실시하고 있다. 자연은 자연대로 아름답고 사람은 사람대로 아름답다.

PART 3

검은 베레로 산다는 것

● 김환기

이디시 무슨 일이 디지든 키징 민지 딜러키는 부데, 이무로 해릴힐 수 없는 문제를 해킬해야 하는 민능의 사나이들, 바로 특전사의 검은 베레다. 이 특별한 군대의 특별한 사람들은 하루하루를 어떻게 보내고 있을까? 특전부사관으로 산다는 것이 어떤 것인지, 그들의 삶 속으로 들어가보자.

극한의 단련을 통해
태어나는 인간병기들

● 　　　누구나 아는 것처럼 특전사는 '최강, 최고'라는 단어가 가장 잘 어울리는 특수부대다. 이때의 최강이나 최고는 여러 가지를 의미할 수 있는데, 가장 핵심적인 것이 바로 체력이다. 최강의 체력, 최고의 체력이야말로 특전맨들의 가장 기초적인 상식이자 요구조건이며 영원한 화두다. 최강의 전투력도 최강의 체력이 없이는 얻어질 수 없고, 불가능한 임무들의 수행 역시 체력의 뒷받침 없이는 그야말로 불가능하다. 따라서 특전사 대원들은 실제로 단 하루도 쉬지 않고 최강의 체력을 단련하기 위해 비지땀을 흘리고 있고, 특전사의 훈련들은 모두 이런 체력의 바탕 위에서만 받을 수 있는 것들이다.

특전사가 이토록 체력을 강조하는 이유는 이들에게 주어진 임무들이 문자 그대로 너무나 특수하기 때문이다.

"적의 후방 300킬로미터 지점에 침투하여 지휘소를 폭파하라."

"적의 모 부대 안에 위치한 지휘관의 숙소에 잠입하여 군단장을 제거하라."

"1주일 내에 적의 모 장군이 모 부대에 방문한다. 길목에 매복했다가 저격하라."

"적의 모 형무소 지하에 감금된 우리 측 인사를 구출하라."

"테러범에게 납치된 KTX 열차에 침투하여 열차를 멈추고 인질을 구출하라."

이런 특수작전에는 당연히 특별한 훈련을 거친 전문 요원들이 투입되어야 하고, 그 훈련을 위해서, 그리고 실제 작전을 위해서 가장 먼저 필요한 것이 바로 체력이다. 체력 없이는 적들이 에워싸고 있는 적의 후방에서 폭발물을 휴대한 채 300km를 침투할 수 없고, 체력 없이는 경계가 삼엄한 적의 부대 안에 그림자처럼 잠입할 수 없다. 체력 없이는 적당한 위치에 비트를 파고 은거하며 저격용 소총을 겨눈 채 언제 나타날지 모르는 목표물을 기다릴 수도 없다. 몸을 움직일 수도 없고, 대소변을 해결하기도 어려운 상황에서 오로지 조준경에 눈을 댄 채 자지도 먹지도 않으며 1주일을 버틴다고 상상해보라. 그곳이 산악일지 사막일지 알 수 없고, 그때가 한여름일지 겨울일지도 미리 알 수 없다. 가장 최선의 방법은 최악의 상황을 가정하고 그 열악한 조건에서도 살아남아 임무를 수행할 수 있는 전투력을 기르는 것이다. 그 기본이 체력이다.

"귀신같이 접근하여, 번개같이 타격하고, 연기같이

은밀하게 신속하게 "귀신같이 접근하여 번개같이 타격하고 연기같이 사라지라"는 것이 특전사의 신조 가운데 하나다. 이런 은밀하고 신속하며 정확하고 조용한 침투와 임무 수행을 위해서 특전요원들은 오늘도 바람과 물살을 가르며 우리 산천 곳곳을 누비고 있다.

보이지 않아야 이길 수 있다
움직이지 않는 상대, 보이지 않는 상대가 더 무서운 법이다. 승기를 잡기 위해서는 위치를 노출시키지 말아야 한다. 특전요원들이 잠적호에 몸을 숨긴 채 전방을 감시하고 있다.

사라져라."

특전사의 신조 가운데 하나가 이것이다. 그리고 어떤 환경, 어떤 지형에서든 이렇게 할 수 있도록 전사들을 훈련시키는 곳이 바로 특전사다. 그 훈련을 위해, 그리고 실제로 귀신같이 접근하여 번개같이 타격한 후 연기처럼 사라지기 위해 가장 먼저 필요한 것이 체력이다.

체력 없이는 우선 귀신같이 접근할 수 없다. 귀신같이 접근하기 위해서는 적들이 미처 예상치 못하는 루트를 이용해야 한다. 도저히 사람이 기어오를 수 없는 높이와 각도의 벼랑, 도저히 사람이 타고 넘을 수 없는 깊이의 계곡과 물, 도저히 사람이 오르내릴 수 없는 높이와 속도의 고층건물이나 탈것들을, 상대가 예상치도 못한 속도로 돌파해야 한다. 기술이 먼저가 아니라 체력이 먼저다. 체력을 바탕으로 실전과 다를 바 없는 고강도 훈련이 뒷받침되어야 이런 전투력을 몸에 맞는 옷처럼 자연스럽게 내 것으로 소화할 수 있다.

번개같이 타격하는 것도 마찬가지다. 각종 장비는 물론 폭발물까지 휴대하고 침투한 뒤, 적들의 상시적인 감시를 피해 건물을 폭파하거나 누군가를 암살한다고 해보자. 공중에서의 낙하, 혹은 수영이나 보트를 통해 침투하느라 체력이 모자란다고 쉴 여유가 있겠는가? 테러범이 당장이라도 인질의 머리에 총알을 날리려 하는 상황에서 작전에 투입된 요원들에게 휴식이 허락되겠는가? 다양한 특수부대 및 장비, 폭약 등을 이용하여 단 몇 초 안에 테러범을 제압해야 하는 상황에서 장비가 무겁다고 머뭇거릴 여유가 있겠는가? 체력이 아니고는 수행할 수 없는 특수작전들이 이들에게 주어진 임무다.

연기같이 사라지는 것 역시 체력 없이는 불가능하다. 안전한 지역에서의 대테러 작전이라면 작전 후 곧바로 휴식을 가질 수도 있다. 하지만 특전용사들의 기본적인 작전 지역은 적의 후방이다. 무언가를 폭파하고 나서, 누군가를 저격하고 나서, 임무를 완수한 대원들의 존재와 위치는 금방 발각되기 마련이다. 적은 바보가 아니고 실제 전투는 만화가 아니다. 작전을 완수한 후에는 연기처럼 사라져야 하는데, 마술로 가능한 것

이 아니므로 몸으로 해결해야 한다. 침투와 마찬가지로 강을 건너고 계곡을 넘은 뒤 사막을 끝도 없이 달려야 하는 것이다. 체력 외에 어떤 답이 있겠는가?

특전사 요원들은 이처럼 모든 작전과 훈련에 최고의 체력이 요구됨을 잘 알기에 하루도 체력 단련을 쉴 수 없다. 체력이 조금이라도 부족할 경우 개인이 훈련에서 어려움을 겪는 것은 물론, 팀 전체의 훈련에 악영향을 끼치게 되고, 이는 결국 팀 전체의 임무 수행 능력을 떨어뜨리게 되기 때문이다. 체력은 지극히 개인적인 것이지만, 팀 단위로 훈련하고 임무를 수행하는 특전사에서 체력은 결코 개인의 문제가 아닌 것이다. 그렇다면 특전사 대원들은 어떤 기준으로 어떻게 체력을 단련하고 있을까?

우선 특전사의 모든 팀원들은 매일같이 평균 5km 이상 뜀걸음을 실시하고, 태권도와 특공무술을 연마하며, 외줄타기와 타이어 끌기, 10km 산악구보 등 체력의 한계까지 자신을 몰아붙이며 단련한다. 그 밖에 개인별 주특기훈련과 팀 단위 이상의 전술훈련에 체력 단련이 별도로 편성되어 있는 것은 물론이다.

이런 힘든 단련을 통해 특전사 요원들이 얻고자 하는 것은 기본적으로 근력, 지구력, 순발력, 평행감각 등이다. 우리가 체육관에서 역기 등을 이용해 하는 근육 단련과는 다소 차이가 있다. 따라서 잘 다져진 특전사 요원들의 몸매는 보디빌더의 그것과는 확연한 차이가 있다. 얼핏 보기에 키가 크지 않은 특전사 요원들은 몸매도 호리호리한 것처럼 보일 수 있다. 하지만 자세히 보면 이들이 키우고 가꾸는 근육은 텔레비전에 많이 나오는 근육질 사내들의 근육과는 엄연히 종류가 다른 것이다. 어느 근육과 몸매가 더 보기에 좋은가의 문제는 개인의 시각차에 달린 것이겠지만, 훈련과 실전에 필요한 근육은 보통사람들이 선호하는 근육과는 본질적으로 다르다.

불가능한 임무를 수행하는 인간병기 수준의 체력과 전투기술 확보를 위해 특전사는 2014년부터 대원들에게 전과는 다소 달라진 체력 단련 프로그램을 도입하여 시행하고 있다. 일명 '광호 프로그램'이 그것으로, 이 명칭에 등장하는 광호는 제3공수특전여단 이광호

주임원사의 이름에서 비롯된 것이다. 기존 체력 단련 프로그램이 지닌 문제점을 개선하고자 서킷 트레이닝과 인터벌 트레이닝 등 과학적 방법을 적용한 프로그램이다.

이 새로운 프로그램을 도입하여 실시한 결과, 대원들의 체중은 감소된 반면 근육량은 증가되었다고 한다. 이로써 전보다 날렵해지고, 민첩성과 기본 파워가 더욱 증가되었으며, 근지구력 및 심폐지구력 등 전반적으로 신체 능력이 향상되어 특전 체력검정 특급 달성 인원이 현저히 증가하게 되었다. 좀 더 구체적으로는 체중과 허리둘레가 24.1% 감소되었고, 가슴과 허벅지 둘레는 각각 10.3%와 17.9%가 증가되었다.

새로운 체력 단련 프로그램의 성과는 실전 현장에서도 그대로 나타났다. 2014년 주한미군 체육대회에서 우리 특전사 팀이 거구의 미군들을 제치고 단체전 우승과 준우승을 거머쥐었고, 일부 경기에서는 최고 기록을 갱신하는 쾌거를 거뒀다. 팀의 우승을 견인한 제3공수특전여단 특수임무대 3중대장 이형진 대위는 이렇게 말한다.

"특전용사들은 누구나 특전사는 가장 강인한 체력과 우수한 신체능력을 가져야 한다고 생각한다. 그래서 각자가 나름의 방법으로 단련을 하는데 팀장을 비롯한 팀원들의 수준이 제각각 다른 것이 현실이었다. 그러나 고립무원의 적지에서 믿을 존재는 오로지 인접 팀원들인데, 각자 그 능력이 상이할 경우 무조건적인 신뢰를 할 수가 없으며, 이는 임무 완수에도 큰 영향을 미친다. 그런데 이번에 과학적 체력 단련 프로그램을 적용함으로써 고른 신체능력 향상과 팀원들의 균등한 체력 향상이라는 성과를 얻었다. 향후 작전에 있어서 부여되는 어떠한 임무라도 완수할 수 있다는 자신감이 생겼다."

이 밖에도 특전사는 최근 대원들에게 이전보다 더욱 강인한 체력 기준을 요구하고 있다. 예컨대 뜀걸음 평가는 기존의 평가에서 2배 이상 그 거리가 길어졌다. 특전체력 5개 종목에는 서킷 트레이닝(12개 순환 코스)과 인터벌 트레이닝(3개 코스)이 추가되었다. 산악 무장 급속 행군도 강화했다. 주 1회 시행하되, 완전군장을 하고 20km를 행군하도록 한 것이다. 뜀걸음 및 산악 무장 급속 행군 시에는 400m 이상 환자 업고 달리기 종목도 추가되었다. 이런 훈련의 성과로 특전사 대원들의 특전 체력검정 결과 특급 획득률이 80%에서 95%로 15% 이상 증가되었다.

기다려라, 우리가 간다 특전용사들이 경계 태세를 유지한 채 산악에서 이동하는 침투훈련을 하고 있다. 이들의 눈에 띈다 면 아무도 살아서 돌아가지 못하리라.

체력의 한계에
도전한다

●   특전사는 언제든 명령만 떨어지면 당장이라도 임무를 수행할 수 있는 만반의 준비를 갖춘 부대다. 이런 특전사에 입대하게 되면 대부분의 부사관 후보생들이 가장 먼저 만나는 적이 바로 체력이다. 적과 싸워 이기기 위해서는 반드시 최강의 체력을 갖추어야 하는데, 이를 위한 체력 단련은 기본적으로 자신과의 싸움이다. 이 자신과의 싸움에서 이기지 못한다면 적과의 싸움에서도 이길 수 없다. 그렇다면 특전사에서 시행하는 주요 체력 단련 훈련들은 어떻게 구성되어 있을까?

먼저 특전사만의 가장 대표적인 프로그램으로 서킷 트레이닝이 있다. 특전사의 서킷 트레이닝은 다음과 같이 12개 종목으로 구성되어 있고, 보통은 이를 3세트(3회 반복)씩 실시한다. 그리고 각 종목과 종목 사이에는 15m의 전력달리기가 포함되어 있다.

① 발 벌려 높이뛰기
② 팔굽혀펴기
③ 윗몸일으키기
④ 턱걸이
⑤ 점프 가슴 닿기
⑥ 20kg 모래주머니 옮기기
⑦ 통나무 장애물 통과
⑧ 타잔타기
⑨ 담벽넘기
⑩ 수직 사다리 통과
⑪ 외줄 오르기
⑫ 타이어 끌기

외줄 오르기 오로지 두 팔의 힘만으로 수직으로 늘어진 외줄을 올라야 한다. 실제로 해보면 보통 사람들은 1미터도 오르기 쉽지 않다.

강한 체력에서 강한 정신력이 나온다 특전사에서 체력은 알파요 오메가다. 모든 것이 체력으로 시작하고 체력으로 마무리된다. 그래서 특전사에서는 별도의 체력 단련 프로그램을 운영하고 있기도 하다.

아이언맨,
장석재 상사

● 　　　체력 단련을 위한 특전맨들의 노력은 일반인의 상상을 초월한다. 이미 최고의 체력을 가지고 있음에도 불구하고 보통 하루에 4시간 이상을 체력 단련에 투자하는 사람들이 특전맨들이다. 이들은 훈련이나 기타의 일과 때문에 체력 단련 시간이 부족할 경우 새벽과 밤을 가리지 않고 체력 단련에 매달린다. 그 결과 특전사 대원들은 대부분 육군에서 제시하는 특급 체력의 단계를 훨씬 뛰어넘는 체력을 유지하고 있다. 그런데 그런 특전맨들 가운데서도 유난히 체력 단련에 매달리는 현역 특전맨이 있다. 특전사 내부에서도 '체력왕'으로 불리는 특수전교육단의 장석재 상사가 그 주인공이다.

2000년에 임관한 장 상사는 첫 4년 동안 제3공수특전여단에서 전투중대 팀원으로 근무했다. 이 당시 강하조장 교육과 특수전 중급 과정을 수료했는데, 두 번의 교육에서 모두 최우수 교육생으로 뽑혔다. 특전사에서 그것도 내로라하는 체력의 강자들이 모인 강하조장 교육과 특수전 중급 교육에서 40~50명에 이르는 경쟁자들을 모두 물리치고 연달아 1등을 차지한 것이다. 물론 이 교육들이 체력만으로 이수할 수 있는 것은 아니지만, 최고의 체력이 뒷받침되지 않으면 1등은 넘보기 어려웠을 것이다.

이렇게 남다른 체력을 과시하던 장 상사는 제3공수

특전여단 생활 중에 특수전교육단의 공수교육처 교관으로 선발되어 지금까지 특수전교육단에서 생활하고 있다. 교관으로 있는 만큼 예전의 팀원 생활에 비해 체력 단련에 소홀해졌을 것으로 생각하면 오산이다. 교관으로 생활하면서 이수한 고공기본 교육과 특수전 고급 과정에서도 장 상사는 모든 교육생들을 제치고 최우수 교육생으로 뽑혔다. 해상척후조 교육에서는 90명 가운데 2위를 차지했다. 이처럼 10년이 훨씬 넘는 세월 동안 장 상사는 각종 교육에서 늘 최우수 교육생 타이틀을 거머쥐었다. 그 바탕이 남다른 체력이었음은 물론이다.

이런 강철 같은 체력을 바탕으로 장 상사는 특전사 내부는 물론 사회에서 열리는 철인 3종 경기 등 각종 대회들에도 수없이 참가했다. 본인 스스로 좋아서 참가한 대회도 있고, 특전사를 대표하거나 육군을 대표하여 타천으로 나간 대회도 있었다.

"잘 모르겠습니다. 일부러 세어보지 않아서. 대략 70회 이상은 됩니다."

체력을 겨루는 각종 대회에 얼마나 참가해봤느냐고 묻자, 장 상사는 그렇게 대답한다. 하도 많은 대회에 나가다 보니 일일이 기억할 수 없었던 모양이다. 그렇다면 가장 기억에 남는 대회는 어떤 것이었을까?

2011년 제5회 브라질 군인올림픽에 참석한 장석재 상사

"2011년에 제4회 브라질 군인올림픽이 있었습니다. 육군 대표로 선발되어 철인 3종 경기에 출전했고, 종합 10위라는 성과를 냈을 때 너무나 자랑스럽고 기뻤습니다."

철인 3종 경기는 수영(4km), 사이클(180km), 마라톤(42.195km)의 세 종목을 휴식 없이 겨루는 경기로, 이를 완주한 사람을 철인(ironman)이라고 한다.

"2014년 연말에 제주도에서 철인 3종 경기가 또 열립니다. 10시간 안에 완주하는 것이 목표고, 이 목표를 달성한 뒤에는 호주에서 열리는 경기에 출전하고 싶습니다."

해가 바뀔수록 장 상사 역시 어김없이 나이를 먹는다. 하지만 그의 도전은 나이와 거꾸로 가고 있다.

"남다른 체력은 남다른 자신감을 불어넣어줍니다. 언제 어디서 무슨 임무가 주어지든 해낼 수 있다는 자신감이 생기는 것이고, 이런 자신감은 군대생활뿐만 아니라 사회생활에서도 큰 힘이 될 수 있다고 생각합니다."

체력 예찬론자인 장 상사는 실제로 체력 단련이나 군대생활만 열심히 하고 있는 것이 아니다. 개인적으로 그는 최근 건국대학교 사회체육학과에 편입하여 학업에 매진하고 있으며, 지난 학기에는 장학금까지 거머쥐었다고 한다. 게다가 그는 특교단에서도 알아주는 섹소폰 연주자다. 악기를 연주하는 다른 동료들과 밴드를 결성하여 후배들의 임관식이 있을 때면 기념공연을 하기도 한다. 교육과 훈련과 체력 단련만으로도 시간이 모자랄 텐데, 그는 이 모든 일들을 어떻게 해내고 있는 것일까?

"아침형 인간이 되는 것이 중요하다고 생각합니다. 사람들은 보통 시간이 모자란다고 하는데, 다른 사람들보다 일찍 일어나면 시간은 절대로 모자라지 않습니다. 부족한 시간만큼 더 일찍 일어나면 됩니다. 제 경우 4시 30분이면 기상을 하고, 기상과 함께 자전거로 20km를 달려 출근을 합니다. 부대에 도착하면 웨이트 트레이닝을 거르지 않고 하고, 샤워 후에 일과를 시작합니다. 일과를 마친 뒤에는 다시 뜀걸음 10km를 하고, 부대 안에 있는 스쿠버 훈련장에서 수영을 합니다. 그리고 마지막으로 다시 자전거를 타고 20km를 달려 퇴근합니다. 이것만으로도 사실 체력이 좋아지지 않을 수가 없습니다. 저뿐만 아니라 모든 특전용사들이 체력의 중요함을 실감하고 있고, 다들 나름대로 열심히 단련하고 있습니다. 남다른 체력을 원하시면, 다른 데 고민할 필요 없습니다. 특전사로 오시면 됩니다."

사실 장 상사의 특전사 사랑은 유별난 데가 있다. 그의 말을 조금 더 들어보자.

"저는 강원도 촌놈입니다. 군대에 오기 전, 저는 세상에 내세울 것이 하나도 없었습니다. 수줍음을 많이 타서 남들 앞에 서면 한 마디도 입을 열지 못할 정도였습니다. 그랬던 제가 지금까지 무언가 이룬 것들이 있다면, 그건 한 마디로 모두 특전사 덕분입니다. 남다른 체력도 특전사 생활 덕분이고, 교관의 임무를 착실히 수행할 수 있었던 것도 특전사 덕분이고, 악기를 배우고 4년제 대학에 편입하여 학업을 이어갈 수 있는 것도 모두 특전사 덕분입니다. 특전사가 아니었다면 저는 이 모든 것들 가운데 어쩌면 한 가지도 이루지 못했을지도 모릅니다. 말하자면 특전사는 저의 운명을 바꾸었고, 저는 이 새로운 운명이 너무나 맘에 듭니다."

강해야 할 때 강하고, 부드러워야 할 때 부드러울 수 있는 사람이 참다운 강자다. 철인 3종 경기와 섹소폰 연주를 동시에 사랑하는 사람, 후배들을 최강의 전사로 만들기 위해 최선의 노력을 다하면서도 그들의 어려움을 알기에 늘 도움의 손길을 미리 준비하고 있는 사람, 진정한 특전맨 중의 특전맨이 바로 장석재 상사다.

탑 팀
- 모든 특전맨이 꿈꾸는 특전사 최고의 팀

● 　　우리나라 특전사 요원들의 뛰어난 체력과 전투기술은 이미 세상에 널리 알려져 있다. 하지만 그다지 많이 알려지지 않은 특전사의 체력 및 전투기술 경진대회가 있다. 해마다 11월에 개최되는데, 여기서 뽑힌 최고의 팀(중대)을 그해의 탑 팀(Top Team)이라고 부른다. 최고의 체력과 최강의 전투력을 자랑하는 특전사 내 최고의 팀이 바로 탑 팀이다. 탑 팀이 되는 것은 당연히 모든 특전맨들의 꿈이다. 특전사 최고의 영예인 탑 팀은 체력, 사격, 침투기술, 전술조치 등 모든 분야에서 가장 우수한 전투력을 보인 특전사 최고의 팀을 말한다.

2014년 대회의 경우 각 여단 대표 12개 팀이 참가했고, 임무 특성상 개인보다 팀워크를 중요시해 팀 단위로 평가가 이루어졌다. 본선에 오른 12개 팀은 11월 10일부터 5일간 체력 및 서킷 트레이닝, 특공무술, AK 소총 및 권총 사격, 침투기술, 생존 능력, 응급처치 능력 등의 평가에서 치열한 경쟁을 펼쳤고, 최종적으로 심규관 대위가 이끄는 제13공수특전여단 소속 중대가 영광의 '탑 팀'에 선정되었다. 심규관 중대장부터 막내 이상훈 하사까지 끈끈한 전우애로 똘똘 뭉친 결과였다.

강인한 체력이 필요한 서킷 트레이닝(19분 30초가 합격)에서는 팀원 전원이 18분 30초 이내의 기록을 세웠고, 20kg 완전군장을 한 상태에서 20km 거리를 4시간에 주파하는 놀라운 능력을 보였다.

우리가 2014년 탑 팀 특전사의 체력 및 전투기술 경진대회가 해마다 12월에 개최되는데, 여기서 뽑힌 최고의 팀을 그 해의 탑 팀이라고 한다. 최고의 체력과 최강의 전투력을 자랑하는 특전사 내 최고의 팀이 바로 탑 팀이다. 탑 팀이 되는 것은 당연히 모든 특전맨들의 꿈이다.

국제평화지원단
- 세계 속의 특전사

베트남전 이후 우리나라는 우리 군의 해외 파병에 일절 관심을 두지 않았다. 베트남전의 후유증이 만만치 않았던 데다가, 남과 북의 대치 상황에서 군을 함부로 해외에 내보낼 수 없었기 때문이다. 하지만 1990년대가 시작되면서 상황이 달라졌다. 유엔에 가입한 회원국으로서 마땅히 유엔의 평화 유지 활동에 일정한 역할을 담당해야 한다는 목소리가 높아졌던 것이다. 이런 와중에 1991년 이라크 파병 논의가 본격화되었고, 전후 복구 사업 참여를 위해 파병을 해야 한다는 목소리가 힘을 얻으면서 베트남전 이후 우리 군의 첫 해외 파병이 국회에서 결정되었다. 하지만 이때의 파병은 의료지원단 등 비전투 파병에 국한되었다.

이후 우리 군은 2000년대까지 소말리아, 앙골라, 동티모르, 이라크, 아프가니스탄, 레바논, 아랍에미리트(UAE), 남수단, 필리핀 등의 지역에 평화 유지 등 각종 임무를 띤 부대들을 파병했다. 그리고 이처럼 실전을 치를 소지가 다분히 높은 지역에 파병되는 부대는 항상 특전사 중심이었다. 특전사의 이런 풍부한 파병 경험을 바탕으로 2010년에는 그동안 특임단으로 칭하는 부대를 국외 파병 전문 부대인 국제평화지원단(온누리부대)으로 개편하게 되었다.

그렇다면 왜 특전사 중심의 파병이 이루어지고 있는 것일까? 특임단이 국제평화지원단으로 바뀌기 직전인 2009년 연말에 당시 김태영 국방장관은 아프가니스탄 파병 부대의 부대원 구성에 대해 언론사 기자들에게 이렇게 설명했다.

"아프가니스탄 파병 부대원을 특전사 위주로 짜는 이유는 만에 하나라도 사상자가 나지 않아야 하기 때문이며, 사상자가 날 가능성을 최소화하려면 특전사 요원 위주로 보낼 수밖에 없다."

이는 국방장관이 특전사를 대한민국 최고 정예부대라고 공식선언한 것이나 마찬가지다.

이렇게 해외에 파병된 특전사 대원들의 활약은 짧은 기간에도 불구하고 눈부셨다. 우리나라와 우리 군의 위상을 해외에서 드날린 것은 물론, 실제 전투 현장에서도 유감없이 최강군의 면모를 선보이며 세계의 이목을 집중시켰다. 예를 들어 2013년 11월에는 남수단에서 직접 대테러 작전을 전개하여 인질들을 구출하기도 했다. 당시 남수단에는 한빛부대가 파병되어 있었는데, 이들은 새벽에 한 통의 긴급한 신고 전화를 받았다. 인근 지역의 NGO 사무실에 AK 소총으로 무장한 강도들이 들이닥쳐 우리 교민들을 위협하고 있다는 전화였다. 이에 특전사 소

"**아자 아자 파이팅!**" 2010년 연말, 아프가니스탄에 파견된 오쉬노부대 대원들이 무사히 작전을 마치고 주둔지로 복귀하여 환호하고 있다. 오쉬노부대는 2010년부터 2014년까지 내전과 테러로 만신창이가 된 아프가니스탄에 파병되어 평화유지 활동을 벌였으며, 그 주력은 당연히 특전사였다. 오쉬노는 아프가니스탄어로 친구란 뜻이다.

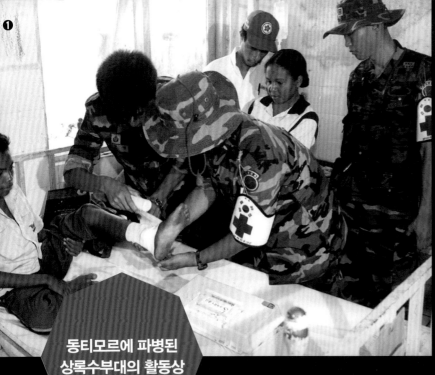

동티모르에 파병된
상록수부대의 활동상

속 우리 요원들이 즉각 출동했고, 이들은 즉시 무장 강도들을 제압하고 우리 국민들을 무사히 구출해냈다. 이 작전 상황을 보고받은 유엔의 연락장교 마이크 채드윅(Mike Chadwick) 대령은 우리 특전사의 작전에 대해 이렇게 평가했다.

"구출작전의 정석을 보였으며 남수단임무단(UNMISS)의 성공적인 작전 사례가 될 것이다."

부터 동남아 등의 여러 국가들이 특전사의 교육단에 위탁교육을 와서 특수 훈련을 배워갔으며, 2011년엔 아랍에미리트의 초청으로 각종 특수전 훈련을 아랍에미리트에 전수해주러 특전사 대원들로 이루어진 '아크부대'를 편성하여 파견하기도 했다. 그 외에도 몽골과 네팔 등 여러 나라의 다양한 훈련장에서 연합훈련을 하기도 한다.

대한민국을 넘어 세계로 특전사는 대한민국 최후의 희망일 뿐만 아니라, 도움이 필요한 세계 곳곳에서 활약하는 우리나라의 대표선수다.

❶ 대민 의료지원 활동
❷ 공군 C-130 수송기에서 위문품과 구호품을 하역하는 상록수부대 장병들
❸ 현지 주민 초청 행사
❹ 동티모르 독립 지도자 구스마오의 상록수부대 방문

이라크에 파병된 자이툰부대의 활동상

❶ 다목적 기동차량으로 이동하는 자이툰부대
❷ 야간투시경을 이용하여 부대 주변을 살피는 자이툰부대원들. K-201 유탄발사기를 휴대한 화기담당관이 PVS-7을 착용하고 경계작전을 수행 중인 모습.
❸ 장갑차에서 하차하여 주변을 경계하는 자이툰부대원들
❹ 이라크 현지인들에게 기술을 전수하는 자이툰부대원들

❶ 오쉬노부대의 장갑차와 헬기를 이용한 야간사격훈련
❷ 군견을 이용한 검문·검색
❸ 오쉬노부대의 신속대응부대 팀원들
❹ 현지인 경호 작전

1

아프가니스탄에 파병된
오쉬노부대의 활동상

레바논에 파병된
동명부대의 활동상

❶ 동명부대에 휘날리는 태극기와 유엔기, 레바논 국기
❷ 주변을 관측하는 동명부대 장병들
❸ EOD 로봇을 운용하는 동명부대 장병
❹ 신속대응팀의 기동정찰
❺ MEDEVAC(의무후송) 훈련
❻ 바라쿠다 장갑차를 이용한 정찰 감시
❼ 부대 경계 중인 동명부대 장병들

243

마크를 보면
특전사가 보인다

● 특전사 지원을 생각하는 젊은이들 가운데 자기가 실제로 입대를 하게 되면 어디에 소속되어 어떤 훈련을 받고 어떤 임무를 수행하게 될지 궁금해하는 사람들이 많다. 하지만 이와 관련된 구체적인 정보는 기본적으로 군사기밀에 속한다. 따라서 여기서는 궁금증 해소를 위한 차원에서 기본적인 특전사의 부대 구성에 대해서만 간략히 소개하기로 하겠다.

먼저 특수전사령부(약칭 특전사)는 3성 장군(중장)이 지휘하는 군단급 규모의 부대다. 이 부대를 상징하는 마크의 낙하산은 특전부대의 기본 침투 수단을 상징한다. 독수리는 하늘의 왕자로서 부대원들의 용맹한 활동을 상징하고, 번개는 정보전 시대의 신출귀몰한 속도를 상징한다. 대검은 소리 없는 무기에 의한 유격전과 특수전을 상징하고, 붉은색 원은 지치지 않는 정열과 기백을 상징한다. 바탕의 푸른색은 특전사가 활약하는 하늘과 바다를 상징하고, 백색의 원은 지휘관을 중심으로 한 단결을 상징한다.

별도의 특수전 휘장도 있는데, 여기서도 낙하산은 공중침투 수단을, 독수리는 용맹스런 하늘의 제왕을 상징한다. 번개는 검은 베레의 활동 무대를 나타내며, 칼과 도끼는 최후의 무기를 의미한다. 용은 바다의 상징이자 해상침투를 상징하며, 태극은 절대 충성을, 불꽃은 생명력과 정열을 상징한다.

특전사 전체를 지휘하는 최상급 부대는 사령관이 속한 사령부로, 부대의 별명은 사자부대이다. 사자는 동물의 왕이며, 가족 중심적 집단생활로 한 마리의 수사자가 무리를 리드하여 집단의 유지와 안전에 대한 책임을 지는 특징이 있다. 예하 여단을 지휘 통제하는 수뇌부인 사령부는 이런 사자의 위엄을 상징으로 삼아 부대 마크를 도안했다. 마크의 주황색 원은 사자의 외형 색을 변형한 것이다.

김포에 주둔하고 있는 제1공수특전여단의 별칭은 독수리부대로, 독수리는 날짐승의 제왕이며 한 번 목표를 정하면 절대 놓치지 않는 맹금류다. 깃털의 황금색은 전통 깊은 독수리부대 용사들의 저돌성을 나타내고, 바탕의 녹색은 광활한 대지를 뜻하는 것으로 부대가 임무를 수행하는 장소를 상징하기도 한다.

송파의 제3공수특전여단은 비호부대이며, 산악과 야지를 나는 듯이 누비며 국가와 민족을 위해 충성을 다한다는 부대의 사명을 담아 마크를 도안했다. 여기서 하늘을 나는 호랑이는 용사들의 번개같이 날쌘 기동력과 용맹함, 강인한 투지를 나타내고, 산의 녹색은 푸른 고요, 즉 평화를 상징한다. 제3공수특전여단 역시 사령부와 함께 2015년에 이천으로 이전한다.

과거 제5공수특전여단의 부대 명칭은 흑룡부대였다. 흑룡은 지혜와 용기, 변화무쌍한 능력과 역량의 무한성을 나타낸다. 부대 마크의 낙하산은 기본 침투 수단을 나타내고, 번개는 기동성과 빛나는 승리를 상징한다. 바탕의 청색은 원대한 희망과 포부, 무궁한 발전을 의미한다. 지금 이 부대는 국제평화지원단으로 바뀌었으며 부평에 주둔하고 있다.

전북 익산의 제7공수특전여단은 천마부대로 불리며, 부대 마크에 등장하는 천마는 푸른 창공을 힘차게 나는 신령스런 말의 모습이다. 앞으로 숙인 머리와 갈기는 '돌진'을 나타내며, 7개의 날갯짓은 행운을 상징한다. 바탕의 청색은 희망과 창조를 나타내는 창공의 색이다.

부천의 제9공수특전여단은 귀성(鬼星)부대로 불리는데, 이 명칭에는 약간의 설명이 필요하다. 동양의 전통 천문학에 따르면, 하늘의 별자리는 크게 28개로 구성되어 있으며, 동서남북에 각각 7개씩 배치되어 있다. 이 가운데 남쪽의 7개 별자리를 모두 모으면 상상의 새인 주작(朱雀)의 모양이 되는데, 이 7개 별자리 중의 하나가 귀수(鬼宿)다. 귀수를 이루는 별은 모두 4개이며, 이 가운데 가장 밝은 별이 바로 귀수의 중심인 귀성이다. 귀성은 글자 그대로 귀신 별이며, 그 모양이 사각형의 눈과 같아서 흔히 하늘의 눈으로도 불리는 별이다. 이 귀성을 부대 이름으로 삼은 특전부대가 제9공수특전여단이다. 마크에 등장하는 귀신 가면이 귀성을 나타내고, 낙하산과 윙은 공수부대를 상징한다. 바탕의 검은색은 특전부대의 활동 시간인 밤을 상징한다.

담양의 제11공수특전여단의 부대 이름은 황금박쥐부대다. 여기서의 황금박쥐는 암흑과 야간을 배경으로 소리 없이 바람처럼 움직이며 용의주도하게 임무를 수행하는 능력을 상징한다. 번개는 전격적인 침투와 특수전을 나타내고, 바탕의 검은색은 역시 이들의 활동 시간인 밤을 상징한다.

충북 증평의 제13공수특전여단은 흑표부대로 불리는데, 흑표는 표범 중에서도 가장 표독하고 민첩한 동물이다. 야간에 활동하는 야행성 동물의 왕이자 산악을 평지처럼, 밤을 낮처럼 누비는 특전부대원을 나타낸다. 바탕의 청색은 흑표용사의 활동 무대인 무한한 창공을 상징한다.

특수임무부대는 일명 백호부대로 불린다. 백호는 영적인 동물이자 지상의 왕을 의미한다. 바탕의 황색은 사령부 마크의 황색을 따른 것으로, 이 부대가 사령부 직할대임을 나타내는 한편 무한한 인내력을 상징한다. 흑색의 원은 광활한 지구, 곧 부대의 활동 무대를 상징한다.

이 밖에 특전사에는 특수전교육단이 있다. 육지, 해상, 공중으로 침투하여 임무를 완수하며, 절대적인 충성심과 무한한 전투력을 지닌 특전인을 양성하는 교육기관이다.

특전사에 지원하여 합격하고 기본 교육을 마친 남성 부사관(하사)들은 대체로 6개 여단 가운데 하나에 배치된다. 그 밖에 특수임무부대와 국제평화지원단은 지원자 중에서 선발하는데 앞에서 설명한 것처럼 들어가기가 쉽지 않다. 특교단의 경우 장기 복무자 가운데 뛰어난 인원들을 선발하여 교관으로 삼기 때문에 역시 초임 하사가 갈 수 있는 곳이 아니다.

특전사의
장교와 병사들

● 　　　특전사에 부사관만 있는 것은 아니다. 당연히 장교와 일반 병사들도 존재하는데, 이들의 임무나 역할 역시 일반 육군 부대와는 사뭇 다르다.

　우선 장교들의 경우 계급에 비해 통솔하는 부하들의 수가 적고, 지역대장(소령)이나 대대장(중령)의 경우에도 훈련이 혹독하다. 중대장(대위)의 경우에는 중대원들인 부사관과 똑같이 체력 단련과 훈련을 해야 한다. 일종의 팀장이기 때문에 어떤 훈련에서도 열외가 될 수 없고, 팀원들을 이끌어야 하기 때문에 더 힘든 자리가 바로 중대장이다. 다른 부대의 소대장(소위)들보다 훨씬 강도 높은 훈련을 소화한다고 생각하면 된다.

　중대장의 계급이 대위라면 특전사의 중위는 어떤 보직을 맡을까? 바로 부중대장이다. 그렇다면 소위는? 우선 육사 출신 소위들은 특전사 자체에 배치되지 않는다. 소대라는 개념 자체가 없으니 당연히 소대장도 있을 수 없기 때문이다. 반면에 비육사 출신 소위들은 지원한 인원 중에서 차출하거나, 체력이 탁월한 인원 위주로 선발하여 배치하며 이들 역시 부중대장을 맡는다. 이들 소위마저 부족할 경우 부사관 중에서 상급자가 부중대장을 맡기도 한다.

　특전사의 병사들은 지원제로 모집하고, 일부는 신병훈련소에서 차출한다. 장교들과 마찬가지로 특전사에 배치되는 즉시 공수기본교육을 수료해야 하고, 그 이후에는 지원중대에 소속되어 부대의 관리 및 유지 등 작전 지원과 관련된 역할을 주로 맡는다. 이 병사들은 전투부대에는 배치되지 않으며, 전투부대에 배치되는 병사로는 지역대의 행정병 정도가 있을 뿐이다.

　하지만 병사들에게도 부사관들이 받는 각종 특수 훈련 가운데 일부를 받을 기회는 열려 있다. 천리행군이 대표적이다.

낙하산 포장의
전문가들

● 　　　특전용사들은 입대부터 제대까지 낙하산과 동고동락한다. 그래서 특전사의 별칭이 공수부대다. 하지만 엄밀한 의미의 공수부대는 낙하산을 통해 대규모로 전선이나 적지에 투입되는 지상군으로, 우리의 특전사는 사실 미국의 공수사단과는 그 성격이 다르다. 그럼에도 불구하고 특전용사들의 가장 중요한 침투 수단 가운데 하나는 여전히 낙하산이고, 공수부대라는 별칭 역시 이런 사정 때문에 사라지지 않고 있다.

　　그렇다면 공수에 필요한 낙하산 포장은 누가 할까? 정답은 '낙하산 정비·포장' 전문 요원들이다. 부사관이 아닌 병사들이 실무를 맡고 있고, 이들이 속한 곳이 특교단의 낙하산 정비·포장반이다. 여기서 특전사의 병사들이 고공 침투 요원들의 핵심 장비인 낙하산의 안전을 책임진다. 이들이 낙하산 정비·포장반에서 매일

수십, 수백 개의 낙하산 재포장 및 정비를 수행하면서 특전요원들의 막강 전투력을 지원하고 있는 것이다.

　　낙하산 정비와 포장은 강하 요원의 생명이 달린 만큼 고도의 전문성을 요한다. 당연히 아무나 할 수 없다. '낙하산 포상·성비' 주특기 요원만이 할 수 있다. 낙하산 포장의 경우 과정도 복잡하다. '정확히 펴기'부터 '포장 전 검사', '폭 개기' 등을 거쳐 마지막 '포장 줄 및 하네스 정리'까지 무려 11단계를 거친 후 재포장이 완료된다.

　　협업도 필수적이다. 숙련병들의 경우 1명이 하루에 약 3, 4개를 재포장할 수 있다. 하지만 3인 1개 조로 작업하면 하루에 약 15개 작업이 가능하다. 약 15명의 낙하산 포장반이 처리하는 낙하산은 1년에 1만여 개에 달한다.

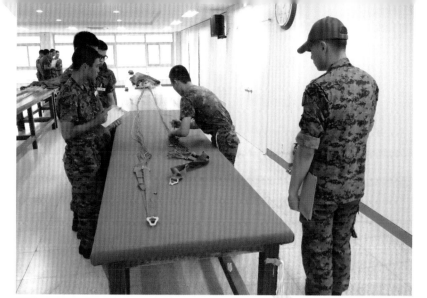

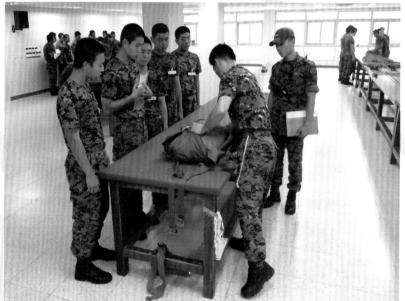

낙하산 포장의 달인들 줄 하나만 꼬여도 끝장이다. 실밥 하나만 잘못 봉합되어도 목숨 하나가 사라진다. 작은 실수 하나라도 용납되지 않는다. 잠시도 긴장을 늦출 수 없는 낙하산 포장·정비반에서 장병들이 포장술을 익히고 있다.

특전사에는
특이한 사람들이 산다

● 　　누구나 동경하지만 아무나 갈 수 없는 곳이 특전사다. 임무가 특수하니 작전도 특수하고, 작전이 특수하니 훈련도 특수하며, 훈련이 특수하니 체력도 특수해야 한다. 특수한 체력과 전투력으로 무장된 인간병기들의 부대, 그곳이 특전사다. 그만큼 부대원들의 자부심도 남다르고 긍지도 하늘 높은 줄 모른다. 그런 만큼 특전맨이 집안에 한 사람만 있어도 친지들이 모이면 특전사 얘기가 거의 반드시 화재가 되게 마련이다. 그런데 이런 특전맨들이 가족 구성원의 태반을 차지하는 참으로 별난 가족도 있다. 특교단에서 근무하는 김도형 원사의 가족이 그렇다. 부친, 김도형 원사 본인, 두 아들 이렇게 3대가 모두 특전맨이고, 며느리와 조카까지 특전인이다. 이 특별한 가족의 이야기를 들어보자.

김도형 원사 가족과 특전사의 인연은 그 부친인 김기철 예비역 상사로부터 시작되었다. 2014년에 팔순을 맞은 김기철 예비역 상사는 특전맨으로 베트남전에 참전했던 용사고, 국가유공자로 지정된 분이다.

"어려서부터 아버님께 군대 얘기를 많이 들었습니다. 초등학교 고학년 이후에는 특히 특전사에 대해 많은 말씀을 해주셨습니다. 그때 저희 아버님은 이미 예비역이셨는데, 생활하는 방식은 여전히 군대식이었습니다. 당연히 집안 식구들 전체가 군대와 같은 분위기에서 생활했습니다. 식사는 언제나 정해진 시간에 정해진 장소에서 해야 한다는 식입니다. 자식들에게도 늘 엄격한 편이셨고, 말투는 늘 명령조였습니다."

그런 아버지를 어린 김도형 원사는 물론 이해하기 어려웠다. 다른 친구 아빠들의 다정다감하고 너그러운 모습을 보게 될 때마다 비교도 되었다. 이런 생각에 김도형 원사는 한때 제발 군대에만 가지 않았으면 좋겠다는 생각까지 했다고 한다. 물론 집안 식구 전체가 군대 체질로 보이는 이 집안에서 일이 그렇게 돌아가지는 않았다.

"아버님의 군대 시절 사진들을 모은 앨범이 있었는데, 그걸 보여주시면서 특전사 얘기를 정말 많이 해주셨습니다. 검은 베레를 쓴 특전사 대원들은 어린 제가 보기에도 멋지고 늠름해 보였습니다. 아마 아버님은 베트남전 참전에도 불구하고 군대에 적지 않은 미련이 있으셨던 것 같습니다. 제대 후에도 특전동지회 활동을 부지런히 하셨고, 지금도 그 단체의 고문을 맡고 계십니다. 팔순이 되신 지금도 동지회 사람들을 만나러 가실 때면 군복을 찾아 입으시고, 친지들의 대소사가 있으면 가족 모두에게 군복을 입고 참석하라는 명령을 내리시는 분입니다."

0대 모두 지랑스런 특전맨인 김도형 원사 기족 앞줄 왼쪽부터 부친인 김기철 예비역 상사, 김도형 원사, 뒤쪽 오른쪽부터 큰아들 김우엽 중사, 며느리 정명희 중사(큰아들 김우엽 중사의 부인), 조카 김형엽 중사, 작은아들 김승엽 하사.

그렇게 특전사에 대해 남다른 자부심과 긍지를 가진 아버지 밑에서 자란 김도형 원사는 결국 특전사로 오게 되었다.

"강권은 아니었지만, 아버님의 영향이 있었던 건 분명합니다. 하지만 나중에 특전사 생활을 하면서 아버님을 원망하지는 않았습니다. 체력적으로나 다른 면에서 몇 가지 어려운 점이 있었지만 점점 특전사 생활에 적응하게 되었고, 기왕에 시작한 일이니 끝까지 가보기도 생겼습니다. '안 되면 되게 하라'는 특전사의 신조는 부대 전체의 임무 수행에 관한 명령이기도 하지만, 부대원 개개인을 위한 명령이기도 합니다. 어렵다고 피하고 힘들다고 외면하기 시작하면 그 인생이

결국 어디로 흘러가겠습니까?"

스스로 좋아서 시작한 특전맨 생활이 아니라고 하지만, 이제 베테랑 특전맨이 된 김도형 원사는 이미 세상에 둘도 없는 특전사 예찬론자다. 그 아버지에 그 아들 격이랄까.

이처럼 특전맨으로서의 삶에 매료된 김도형 원사는 결국 두 아들들까지 특전맨으로 탄생시켰다. 큰아들 김우엽 중사와 작은아들 김승엽 하사가 그 주인공들이다.

"강요하지는 않았습니다. 물론 특전사의 좋은 점들을 주로 얘기해주긴 했지만……."

농담처럼 지난날의 얘기를 술술 풀어놓는 김도형 원

사의 옆에는 역시 미소를 머금은 채 조용히 귀를 기울이는 젊은 여성 부사관이 한 명 앉아 있다. 특수임무부대에 있다가 교관으로 발탁되어 특교단에서 강하 교육을 맡고 있는 정명희 중사다. 김도형 원사의 며느리이자 김우엽 중사의 부인이다. 군에 입대하는 여성이 많지 않다는 것과, 특전사의 여군생활이 얼마나 어려운지 잘 아는 사람의 눈에 그녀는 퍽이나 이색적인 인물이 아닐 수 없다. 어떻게 특전사 생활을 시작하게 되었는지부터 물었다.

"초등학교 때부터 운동을 정말 좋아해서 양궁 선수로 생활하기도 했습니다. 그러다가 중학교 무렵엔 군인이 되어야겠다고 결심했고, 고등학교 때 군대 중에서도 특전사에 가야겠다고 결심했습니다. 특별한 계기 같은 건 없었습니다. 그냥 군대가 좋았고, 다른 부대에 가면 컴퓨터나 뭐 그런 걸 만지면서 책상물림이나 할 것 같아서 뛰고 달릴 일이 많은 특전사를 선택했습니다."

말하자면 이 여인도 타고난 특전용사다.

더욱 흥미로운 얘기는 정명희 중사와 김우엽 중사의 결혼 스토리다. 남편인 김우엽 중사가 아내인 정명희 중사보다 네 살 어리고, 특전사에도 4년 늦게 입대했다고 한다. 그리고 이들의 만남을 주선한 인물이 바로 김도형 원사 자신이었다고 한다.

"당시 우리 아들은 특교단에서 교육을 받고 있는 부사관 후보생이었고, 지금 며느리가 된 정명희 중사는 그 아들의 교육을 맡은 교관이었습니다. 그런데 가만히 보니 우리 정명희 중사가 제 마음에 너무나 쏙 들었습니다. 인물 좋지, 군대생활 잘하지, 예의 바르지. 뭐 하나 맘에 안 드는 게 없었던 겁니다. 물론 우리 아들에게는 하늘 같은 교관일 뿐이었죠."

미래의 며느리를 포섭하기 위한 김도형 원사의 작전이 시작되었다. 특별한 일도 없는데 일과 후에 따로 만나서 밥을 사주고, 아들의 교육에 관해 옆에서 매일 보고 듣고 하면서도 공연히 물어보는 등 상대의 관심을 불러일으키는 작전이 1단계였다.

"그러다 어느 날 작심하고 저녁에 따로 만나서 본격적으로 아들 얘기를 했습니다. 그날 얼마나 긴 얘기를 했는지 둘이서 소주를 다섯 병이나 마셨습니다. 둘 다

술을 별로 좋아하지 않는데 말입니다."

이런 아버지의 끈질기고도 절묘한 작전으로 결국 두 사람은 나이 차이와 계급 차이를 넘어 결혼에 성공했다. 마침내 전역하신 아버지, 본인과 아들에 이어 며느리까지 특전용사로 채운 것이다. 그러나 김도형 원사의 욕심은 이에서 그치지 않았다. 조카인 김형엽 중사에 이어 작은아들인 김승엽 하사까지 특전사에 입대시켰고, 그 작은아들 역시 형수에게서 공수교육을 받았다고 한다.

"가족들이 모이면 살벌할 것 같지만 전혀 그렇지 않습니다. 서로의 생활에 대해 누구보다 잘 알기 때문에 불필요한 오해도 없고 동질감이 높습니다. 특전맨의 며느리이자 아내로 살아온 저의 아내 역시 거의 특전인이나 다름없기 때문에 소외감을 느끼지 않습니다. 일가족만 모아도 팀 하나가 되겠다며 같이 농담을 하곤 합니다."

그렇게 말하는 김도형 원사 일가족의 얼굴에는 자긍심과 자부심, 여유가 가득하다. 누구보다 치열한 삶을 개척하고 있는 사람들, 운명을 바꾸기 위해 잠시도 투쟁을 멈추지 않는 사람들에게서만 볼 수 있는 미소다.

일가족 여섯이 모두 특전용사인 가족 외에도 특전사에는 별난 사연을 지닌 형제나 부부들이 많다. 특전사 출신만이 진정으로 특전사의 매력을 알 수 있고, 그런 자신의 체험을 바탕으로 특전사를 추천하고 있기 때문에 생겨나는 현상이다. 두 남매를 거의 동시에 특수임무부대에 보낸 안수완 예비역 중사네 가족도 그런 경우다.

안수완 예비역 중사는 경기도 김포에서 나고 자랐다. 잘 알려진 것처럼 해병대가 주둔하고 있는 지역이고, 안 중사는 어린 시절 실제로 부대 인근에서 늘 해병대원들을 바라보며 생활했다고 한다. 하지만 입대 무렵이 되자 강안 경계를 위주로 하는 해병대보다는 실전에 가까운 훈련과 생활을 하는 특전사에 더 큰 매력을 느끼게 되었다. 그리하여 과감하게 특전사에 지원했고, 기초 훈련이 끝나자마자 특수임무부대로 배치되었다. 1985년에 입대하여 1989년에 제대한 안 중사의 복무 기간은 1986년 아시안게임과 1988년 올

림픽이 개최되던 시기이기도 했다. 대테러 임무를 맡아 그가 간 곳은 김포공항이었다. 안 중사는 거기서 한 여인을 만나 사랑에 빠졌고 결혼하여 그녀와의 사이에서 태어난 남매를 모두 특전사, 그것도 특수임무부대에 보냈다.

"애들에게 어려서부터 군대 얘기를 많이 들려줬습니다. 제 옛날 사진들 보여주며 주로 좋은 점들만 열심히 설명했죠, 하하하."

일찌감치 설득 작업을 하는 외에 남매에게 어릴 때부터 운동을 시켰다고 한다. 딸은 태권도, 아들은 복싱이었다.

안수완 중사의 큰딸인 안정은 하사는 어린 시절 미술에 재능을 보였고, 중학교를 마칠 때까지도 예술고에 가는 것이 꿈이었다. 하지만 다행인지 불행인지 예고 입시에 실패하여 일반고에 진학했다. 미술 외에 그녀가 좋아하는 또 한 가지가 바로 운동이어서 어릴 때부터 태권도 외에 수영, 스키, 골프 등 해보지 않은 운동이 없었다고 한다. 그녀는 운동을 좋아할 뿐만 아니라 운동에 남다른 재능도 있었다. 여러 종목에서 프로까지 갈 수 있겠다는 칭찬을 들을 정도였단다.

"태권도, 수영, 스키 등 모든 운동을 다 하면서 살고 싶었고, 이 모든 운동을 공짜로 배우고 일상적으로 할 수 있는 곳이라고는 세상에 특수임무부대밖에 없다는 아버지의 유혹에 결국 넘어갔습니다."

어린 시절부터 운동과 함께 살아왔기에 안정은 하사는 꿈에 그리던 대로 마침내 특전맨이 되어 특수임무부대에 들어갔다.

누나보다 4개월 늦게 입대한 안민섭 하사 역시 어린 시절부터 아버지에게 수도 없이 군대 얘기, 아니 특전사 얘기를 들으며 자랐다. 아버지의 권유에 따라 초등학교 시절부터 권투도 배웠다.

"저는 병역의 의무가 있는 남자였기 때문에 당연히 군대에 가야 했고, 저 역시 아버님의 영향 탓인지 기왕이면 특전사에 가야겠다는 생각을 자연스럽게 하게 되었습니다."

고등학교 시절에 이미 특전사, 그중에서도 특수임무부대에 가야겠다는 뜻을 굳힌 안민섭 하사는 권투 외에 체력 단련을 위한 운동도 부지런히 했다.

"인터넷을 통해 특수임무부대에서는 키 크고 축구 잘하는 사람을 선호한다는 것을 알게 되었습니다. 물론 이건 잘못된 정보입니다만, 당시의 저는 기본적으로 키가 작았기 때문에 크게 좌절했습니다. 다른 방법이 없을까를 고민하다가 체력으로 승부를 봐야 한다는 생각을 하게 되었고, 달리기와 턱걸이 등 다양한 운동을 쉬지 않고 했습니다."

하지만 그렇게 준비된 안민섭 하사에게도 특수임무부대 적응은 결코 쉬운 일이 아니었다. 새벽부터 일어나 매일 20km 정도를 최고 속도로 뛰고, 턱걸이와 외줄 오르기는 물론 다양한 운동들을 소화해야 했다.

"체력을 다지는 부분은 그래도 할 만했습니다. 어릴 때부터 워낙 운동을 생활화하고 살았던 덕분입니다. 하지만 권총 사격 등 체력 외의 부분에서 부족한 점이 많다는 걸 실감했고, 그래서 매일 그런 부족한 부분을 메우기 위해 애쓰고 있습니다."

"와보지 않으면 모릅니다. 특수임무부대 요원 되기가 얼마나 어려운지. 그리고 겪어보지 않은 사람은 모릅니다. 특수임무부대 대원으로 산다는 것이 얼마나 가슴 뛰고 뿌듯한 것인지."

두 남매의 한결같은 소감이다. 그래서일까? 이 두 남매는 막내이자 여고생인 셋째에게도 요즘 열심히 특전사 얘기를 해준다고 한다. 집에서 벌어지는 이들의 작전이 성공한다면 3남매 모두가 특전용사가 될 것이고, 일가족 5명 가운데 4명이 검은 베레가 되는 셈이다.

특전 캠프
- 도전의식과 자아성찰을 위한 특별한 체험

●   특전사 입대를 고려하고 있다면 사전에 특전사 훈련과 생활을 미리 체험해보는 특전 캠프가 크게 도움이 될 수 있다. 매년 겨울과 여름 방학에 실시되는 특전 캠프는 특전사만의 훈련과 생활을 짧고 약하게, 말하자면 민간인 수준에 맞추어 체험할 수 있도록 해주는 행사다. 약간의 비용을 내야 하지만 해마다 지원자가 늘고 있다.

특전 캠프는 각 여단별로 200명 정도 모집하며, 3박 4일 동안 진행된다. 대부분의 참가자는 10대 및 20대 젊은이들로, 육체적 훈련을 통해 특전사의 참모습을 봄으로 체험하는 것은 물론 이 체험을 통해 자아성찰의 계기를 만들고 있다. 단, 중학생 이상에게만 참가 자격이 주어지기 때문에 초등학생은 캠프에 입소할 수 없다.

캠프에 입소하면 우선 첫날 오전에 생활관을 편성하고, 피복과 장비 등을 확인하는 절차를 거치게 된다. 이어 오후부터 본격적으로 훈련이 시작되는데, 첫날에는 제식과 군가를 배우고 기초적인 PT체조도 배운다. 서킷 트레이닝 체험과 보트 등 특전 장비도 구경하는데, 이 단계까지 오면 벌써부터 많은 학생들이 팔다리에 기운이 하나도 남아 있지 않게 된다. 저녁 식사 후에는 역사관을 견학하고, 안보 교육을 받는다. 또 스스로 인생의 목표를 세워 글로 써보는 시간이 있고, 밤에는 경계근무도 체험한다.

둘째 날에는 본격적인 특전사 체험이 시작되는데, 새벽 5시 기상이다. 새벽 5시에 일어나 군장을 꾸리고, PT체조와 구보를 실시한다. 이어 오전에는 래펠 교육이 실시되고, 오후에는 공수교육이 이어진다. 모형탑 훈련, 착지훈련, 기체이탈훈련, 공중동작훈련이 오후 내내 이어지는데 캠프 기간 중 가장 힘든 시간이나. 이날 오후에 참호격투훈련도 실시된다.

밤에는 생존 체험의 일환으로 야전 취식이 실시되고, 생활관이 아닌 텐트에서 숙영을 한다. 3일차와 4일차는 판문점 등을 돌아보는 안보 체험과 퇴소식이 있기 때문에 사실상 육체적 훈련은 이날 모두 끝난다.

이렇게 3박 4일 동안 특전사를 체험하고 난 학생들은 이렇게 말한다.

"힘들지만 재미있기도 합니다. 지금부터 부지런히 체력을 단련해서 나중에 꼭 특전용사가 되고 싶습니다."

"검은 베레, 꼭 써보고 싶었습니다." 특전 캠프에 참가한 학생들이 낙하산의 저항을 체험하는 훈련에 열중하고 있다. 세상에 쉬운 일은 없지만 안 되는 일도 없다는 것을 배울 수 있는 최고의 기회가 바로 특전 캠프다.

이미 입대한 사람들의 특전부사관 도전

● 특전사에 지원하는 대부분의 젊은이들은 당연히 아직 입대를 하지 않은 사람들이다. 하지만 이미 입대를 하여 군생활을 하고 있는 사람들에게도 특전사의 문은 개방되어 있다. 더러 특전사에서 일반 병사로 생활하다가 부사관들의 멋진 모습에 매료되어 다시 부사관에 지원하는 사람들도 있다.

현역 군인 가운데 특전부사관에 지원할 수 있는 사람은 육군 및 타군에서 복무하고 있는 부사관 및 현역병으로, 부사관은 임관 2년 미만의 하사, 병은 복무 5개월 이상의 일병에 한한다.

모집은 연간 육군 모집계획에 의해 실시되며, 각 여단별 계획 인원을 할당한다. 선발은 여단별로 모집하며, 1차 여단 선발 후 사령부에서 최종 결정한다. 특전부사관 지원자는 인터넷(온라인 모병센터)을 통해 지원서를 제출한 후, 구비서류를 갖추어 각 여단에 등기우편으로 접수한다.

서류가 접수되면 각 지역 국군병원에서 신체검사를 하고, 각 여단별로 면접을 보게 된다. 이어 필기 평가와 4개 종목에 대한 체력 검정을 실시하고, 여단의 1차 심의와 사령부의 최종 선발 심의를 거치면 합격 여부가 결정된다.

다른 부대의 하사에서 특전부사관으로 선발된 사람은 이미 부사관 양성 과정을 거친 인원이기 때문에 15주 양성 과정은 거치지 않는다. 대신 3주 공수기본교육과 11주 특수전 기본 교육을 이수해야 한다. 전에 공수기본교육을 이수했다면 이 과정도 생략된다.

특전부사관 선발에 합격한 병사(일병)의 경우 5주 군인화 교육 과정을 제외한 교육을 받아야 한다. 총 15주 양성 교육 중 이 5주 과정을 제외한 나머지 10주 교육을 받아야 하는데, 3주 공수교육과 7주 신분화 교육이 그것이다. 이어 11주 특수전 기본 교육 과정을 이수해야 특전부사관이 될 수 있다. 만약 특전부사관 선발에 합격한 병사가 특전사 출신이라면, 이미 공수교육을 마친 인원이기 때문에 3주 공수교육이 면제된다.

특전사의 기본은 공수 특전사의 구성원은 누구도 공수교육을 피해갈 수 없다.
사진은 고공강하를 위해 단체로 항공기에서 이탈 중인 특전부사관들의 모습.

생활의 달인,
특전부사관

● 　　　특전사의 하사로 임관한 후에는 4년(여성은 3년)을 의무적으로 복무해야 하며, 이 가운데 처음 6개월은 영내 생활관에서 생활한다. 일반 보병부대에 간 병사들의 생활 방식과 마찬가지다. 이 기간이 끝나면 출퇴근을 하게 되는데, 그렇다고 아무 곳에서나 거주할 수 있는 것은 아니다. 항상 출동할 준비가 되어 있어야 하므로 숙소 역시 부대로부터 일정한 거리 안에 있어야 한다. 이 거리 안에 자기 집이 없는 사람들에게는 한 마디로 군에서 숙소를 마련해준다.

우선 결혼을 하지 않은 미혼 부사관들에게는 각자의 독립되고 쾌적한 생활을 보장하는 BEQ(Bachelor Enlisted's Quarter)가 주어진다. 같은 부대의 미혼 부사관들이 공동으로 생활하는 일종의 오피스텔이라고 이해하면 된다. 여기에 자기만의 방을 갖게 되는 것이다. 이처럼 BEQ는 미혼 간부들이 편안하게 쉴 수 있는 개인 공간이며, 1인 1실 혹은 2인 1실로 되어 있고 필요한 기구며 시설들이 구비되어 있다.

BEQ에서 생활하면 자신의 계획에 따라 능동적으로 하루 24시간을 활용할 수 있다. 하루의 일과를 마치고 숙소로 돌아와서 영화를 보거나 독서를 할 수 있으며, 마음이 맞는 팀원들과 어울려 운동과 사우나를 즐기고 시원한 맥주도 마실 수 있다. 자신의 직장과 가장 가까

운 곳에 마련된 자기만의 공간 BEQ는 미래로의 도약을 위한 튼튼한 발판이나 마찬가지다.

기혼 부사관들에게는 BEQ 대신 일가족이 생활할 수 있는 아파트가 거의 공짜나 다름없는 조건으로 제공된다. 이런 군인 아파트는 기혼 부사관 가족들에게 안락한 공간을 제공하여 자신들의 업무에 완벽하게 집중할 수 있도록 해준다. 대출이자와 같은 걱정에서 벗어나 저축하는 기쁨을 누리게 해주는 보금자리가 군인 아파트다.

예전의 군인 아파트는 멀리서 보더라도 군 관사라는 것이 금방 표시가 나고, 평수도 20평 이하가 대부분이어서 사회의 발전 속도를 따라가지 못했다. 하지만 최근에는 군 관사를 BTL 사업(민간투자 공공사업)으로 추진하고, 일부 지역에서는 민간 건설사가 지은 아파트를 군이 매입하여 제공하고 있다. 평수 역시 가족 수에 맞추어 생활할 수 있도록 배려하고 있다.

이런 아파트 단지 내에 각종 복지시설과 문화시설이 갖추어져 있고, 자녀 교육을 위한 어린이집도 설치해 운영하고 있다.

특전사에서 제공하는 아파트의 경우, 특전사의 특성을 고려하여 단지 내에서도 운동을 할 수 있는 피트니스 시설까지 구비되어 있다. 또 이런 군인 아파트 단지

미혼 부사관들의 독립된 쾌적한 생활을 보장하는 BEQ

에는 군 가족만이 이용할 수 있는 마드도 설치되이 있는데, 간식거리부터 일상 생활용품에 이르기까지 민간의 마트에서는 상상도 할 수 없는 가격으로 필요한 물건들을 구입할 수 있다.

이처럼 생활에 필요한 주거와 각종 복지시설이 제공되기 때문에 직업군인들은 비록 많지 않은 월급을 받지만, 실제로는 단기간에 상당한 목돈을 저축할 수 있다. 실제로 특전맨들 중에는 서른 살까지 1억 원을 모으겠다는 목표를 세우고 이를 실천하는 젊은 부사관들이 적지 않다. 서른 살이라면 고작 대학을 졸업하고 막 취업을 할 나이인데, 어떻게 이런 일이 가능할까?

특전사의 경우 고등학교 졸업과 동시에 입대가 가능하여 현역 병사들보다 1년 빠른 만 18세에 입대가 가능하다. 만약 이때부터 월 평균 100만 원씩 저축한다고 가정하면 30세까지 1억 5,600만 원을 모을 수 있다는 계산이 나온다. 물론 이자까지 계산한다면 그 이상이다. 조금만 절약하면 한창 젊은 나이인 서른에 군에서 제공하는 관사에 거주하며 1억 5,000만 원 이상을 모을 수 있다는 얘기다. 같은 또래의 일반인들은 어떨까? 한국고용정보원에서 2012년에 조사한 바에 따르면, 우리나라 대졸 남성의 평균 취업 나이는 33.2세이며, 이때 이들이 평균적으로 지고 있는 학자금 대출 등의 부채는 1,445만 원이라고 한다. 이처럼 남들이 1,500만 원에 가까운 빚을 안고 첫 사회생활을 시작할 무렵에 어떤 특전부사관은 이미 2억 원에 가까운 예금을 보유한 사람이 되어 있는 것이다. 이처럼 시작은 미미하나 끝은 창대한 것이 바로 특전부사관의 삶이다.

그러나 이런 삶은 운명을 바꿀 준비가 된 사람들, 미래를 위해 현재의 고통을 참아내고 이겨낼 준비가 된 사람들, 도전을 두려워하지 않는 참다운 용기를 가진 사람들에게만 허락되는 것이다.

그 길이 지금 당신 앞에 놓여 있다.

"걱정 없이 직진과 훈련에만 임할 수 있도록" 특전사는 부대원들이 아무런 걱정 없이 작전과 훈련에 임할 수 있도록 최고의 복리후생을 제공하는 것을 목표로 삼고 있다. 그런 복리후생 중에서도 가장 기본이 되는 것은 안락한 집과 자녀들을 안심하고 키울 수 있는 교육시설이다. 사진은 신축된 특전사 간부용 아파트의 거실과 단지 안의 체육시설, 그리고 단지 안의 어린이집 실내 모습.

PART 4

미래의 특전사

• 양욱

모두들 할 수 없다고 할 때 조용히 그 일을 해내는 사람들이 있다. 누구도 감히 생각하지 못한 것을 생각해 내는 창의성, 그 생각을 실행에 옮기는 과감함, 그리고 실행을 결과로 만드는 부단한 노력, 이것이 바로 육군 특수전사령부의 모든 장병들에게 요구되는 기본자세다. 그래서 부대의 신조도 "안 되면 되게 하라"다. 최근 전쟁의 양상은 전시와 평시, 정규군과 비정규군, 군인과 민간인의 구분이 사라진 전혀 새로운 전쟁의 형태로 바뀌었다. 심지어는 전투행위를 수반하지 않을 수도 있다. 이렇듯 비정규적이고 비선형적이며 비대칭적인 전쟁의 형태를 4세대 전쟁이라고 부른다. 이렇게 시간과 공간을 초월하는 4세대 전장에서 가장 각광받는 존재가 바로 특수부대다. 급변하는 전쟁 양상 속에서 특전사는 미래에 어떤 역할을 수행해야 할까?

전쟁은
변화한다

● 　　전쟁은 한 나라의 생존을 보장하는 수단이다. 전쟁을 일으키는 행위뿐만 아니라 전쟁이 일어나지 않도록 하는 것 역시 국가의 생존과 번영을 위해 중요한 일이 아닐 수 없다. 또한 전쟁은 해외에서 자국의 이익을 지키고 보장하는 수단이 되며, 혹은 다른 나라로 하여금 우리나라가 원하는 일을 하도록 강요하는 압박의 도구가 되기도 한다. 그래서 전쟁을 얼마나 잘할 수 있느냐의 능력은 그 나라의 국력과 연결된다.

　전쟁은 시대에 따라 형태도 달라진다. 프랑스 혁명 후 나폴레옹 전쟁 시대부터 인류의 전쟁은 크게 4세대로 구분된다. 1세대 전쟁은 프랑스 혁명으로 최초의 국민군이 등장한 이후의 전쟁으로, 선과 열에 따라 부대를 배치하고 적에게 근접하여 머스킷 소총 등 일제 사격화망으로 화력을 투사하는 전투 방식 등을 특징으로 한다. 아직 기동에 대한 개념은 미약했고, 일단 병력 밀집과 화력 집중이 중요한 근접전투가 주를 이루었다. 이렇게 근대적이지 못한 전쟁 방식은 1차 대전 직전까지도 계속되었다.

　2세대 전쟁에서는 과학의 발달로 야포 등 간접 화력이 등장함에 따라 전장의 범위가 넓어졌다. 1차 대전이 대표적인 2세대 전쟁으로, 물론 이 시기의 전투도 여전히 적이 점령한 전선을 탈환하고 격퇴시키는 것이 주를 이루었지만, 전선은 이전보다 훨씬 더 동적이었다. "정복은 야포가 하고, 점령은 보병이 한다"라는 말은 이 시기의 전쟁을 한 마디로 잘 표현해주고 있다. 야포사격이 끝나면 이에 맞춰 모든 부대가 정확히 돌격해야 하므로, 2세대 전쟁에서는 위계질서에 따른 상명하복이 가장 중요한 가치였다. 2세대 전쟁에서는 대량생산과 대량파괴가 실현되면서 총력전쟁으로 이어졌다.

　이렇게 선에 집착하던 전쟁의 개념이 무너진 것이 바로 3세대 전쟁부터다. 지리멸렬한 1차 대전 이후 속전속결을 추구하던 각국의 군대들이 항공기, 전차, 장갑차를 비롯한 기동수단을 본격적으로 채용하면서 전투 공간이 확대되고 속도가 급속도로 빨라지게 되었다. "전선을 지키자"라는 구호가 무의미해지면서 전후방의 구분이 사라지고, '접근하여 격멸'하는 대신 '우회하여 붕괴'시키는 전쟁의 양상으로 바뀌어나갔다. 그 대표적인 예가 바로 마지노선(Maginot Line)을 우회하여 아르덴(Ardennes)으로 진격한 1940년 독일군의 프랑스 침공이었다. 게다가 현대에는 지상뿐만 아니라 공중으로도 우회하여 적 후방을 공격하는 입체적 공격까지 가능해졌다. 이런 전쟁 양상은 상황에 따라 지휘관이 실행 방법을 정해야만 하기 때문에 일일이 중앙통제를

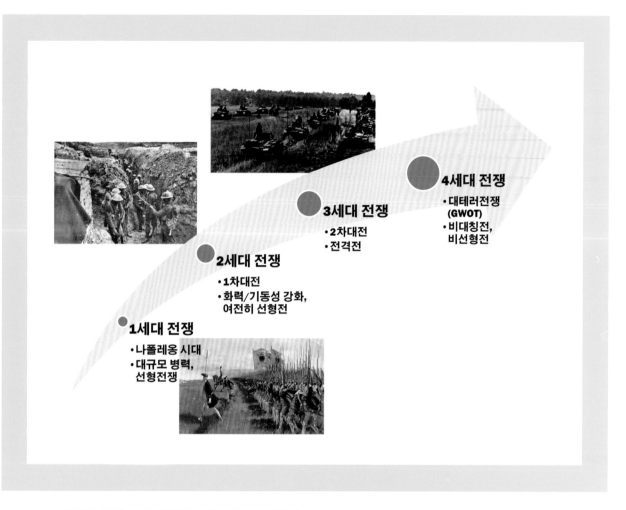

근대부터 전쟁은 진화하면서 현재는 4세대 전쟁에 이르고 있다.

하는 대신 실행 방법을 단위부대장에게 맡기게 된다. 전격전 등의 기동전 사상은 2차 대전 때 발전하기 시작해 걸프전에 이르러서는 꽃을 피우게 되었다.

이런 전쟁 양상이 최근에는 더욱 혁명적인 변화를 맞았다. 전시와 평시, 정규군과 비정규군, 군인과 민간인의 구분이 사라진 전혀 새로운 전쟁의 형태가 등장한 것이다. 심지어는 전투행위를 수반하지 않을 수도 있다. 이렇듯 비정규적이고 비선형적이며 비대칭적인 전쟁의 형태를 4세대 전쟁이라고 부른다. 가장 대표적인 4세대 전쟁의 양상이 바로 9·11 테러 이후 미국이 알카에다(Al-Qaeda) 등 테러 집단에 선언한 대테러 전쟁이다. 최근에는 9·11 테러의 주역인 빈 라덴(Osama Bin Laden)을 미 해군 특수부대인 실 6팀(SEAL Team 6)이 사살함으로써 전쟁사에 종지부를 찍기도 했다. 이렇게 시간과 공간을 초월하는 4세대 전장에서 가장 각광받는 존재가 바로 특수부대다.

특수한 상황에 대한
특수한 해결책

● 특수작전이란 소수의 병력으로 다수의 적을 제압함으로써 공격에는 방어의 3배 병력이 필요하다는 기존의 군사 지식을 뒤엎는 개념이다. 전쟁의 발전 과정에서 선형전에서 비선형전으로, 정규전에서 비정규전으로 전쟁의 양상이 변함에 따라 특수작전에 대한 필요성은 날이 갈수록 증가하고 있다.

그렇다면 특수작전이란 무엇인가? 특수작전이란 전시나 평시를 막론하고 비상사태나 전략적 우발사태에 대처하기 위해 수행하는 특수한 작전을 말한다. 즉, 정규적인 군 병력을 활용할 수 없는 상황에 수행하는 작전이 특수작전에 해당한다. 한 마디로 정규 병력이 준비되어 있지 않거나 정규 병력으로는 하기 어려운 일을 해야 하는 상황일 때 하는 것이 특수작전이다.

그렇기 때문에 특수작전에 있어서 가장 중요한 것은 바로 창의성이라고 할 수 있다. 대규모 적군에 비해 소규모인 데다가 위험에 노출된 특수부대가 전투에서 승리하기 위해서는 상대적 우위를 이루어야 한다. 그러한 상대적 우위를 이룰 수 있는 것은 바로 '틀 밖에서 생각할 수 있는 능력'이다.

창의적인 특수작전을 통한 위대한 승리의 사례들은 현대전의 역사 속에 빈번하게 기록되고 있다. 가장 창의적인 작전 중 하나가 바로 1942년 영국의 특수부대 코만도(Commando)가 실시한 채리엇 작전(Operation Chariot)이다. 채리엇 작전은 독일 해군의 제일 강력한 전함인 티르피츠(Tirpitz)의 기지인 생나제르(Saint-Nazaire) 항구 시설을 파괴하는 것으로, 공군의 폭격이나 해군의 포격으로도 전혀 불가능했던 것을 특수부대의 기습으로 성공한 사례였다. 특히 대형 시설물을 파괴하기 위해 구축함을 독일 해군의 구축함처럼 보이도록 개조하고 그 안에 다량의 폭탄을 설치한 후 적 시설물에 돌격하여 다시는 사용할 수 없도록 파괴한 것이다.

또 다른 사례로는 프라임 챈스 작전(Operation Prime Chance)을 들 수 있다. 이란-이라크 전쟁의 와중에 양측이 페르시아 만을 통항하는 유조선이나 상선을 공격하는 '유조선 전쟁'이 발발하자, 1987년 미 해군이 나서서 이란의 고속정 공격에 대응하고자 했지만 오히려 피해만 속출했다. 그러자 특수부대들에게 고속정을 격멸하라는 명령이 떨어진다. 아무리 특수부대라지만 바다 한가운데서 항모나 함대의 지원도 없이 작전을 하라는 것은 불가능한 일이다. 그러나 특수부대는 바다 위에 커다란 바지선을 띄워놓고 해상작전기지를 만들어 이후 무려 2년 동안이나 탐색격멸임무를 성공적으로 수행했다.

채리엇 작전에서 영국 특수부대 코만도는 구축함을 폭탄으로 만들어 적 기지를 파괴하는 놀라운 발상의 전환을 실행했다.

왜 특수작전인가?

● 특수부대가 수행하는 특수작전은 대표적으로 다음 아홉 가지로 분류된다. 타격작전, 특수정찰, 비정규전, 대게릴라작전, 해외방어원조, 대테러작전, 민사심리작전, 정보작전, 기타 군 통수권자나 국방장관이 지정하는 모든 임무다. 특히 주목할 만한 점은 바로 마지막 항목이다. 기타 군 통수권자가 지정하는 모든 임무, 즉 정규부대가 할 수 없는 모든 임무는 특수부대가 수행해야 한다는 것이다. 즉, 정형화된 정규군으로 할 수 없는 난제를 해결해야만 하는 것이 특수부대에게 주어진 과제다.

특히 4세대 전쟁 시대를 맞이하여 특수부대는 심지어 전쟁을 기획하고 승리로 이끌기까지 했다. 그 대표적인 사례가 바로 2001년 아프가니스탄에서 벌어졌다. 9·11 테러 이후 미국은 충격과 분노에 사로잡혔고, 조지 W 부시(George W. Bush) 대통령은 테러가 일어난 지 5일 후에 럼스펠드(Donald H. Rumsfeld) 국방장관에게 "빈 라덴의 목을 가져와라"라고 명령했다. 대통령의 명령을 받고는 빈 라덴이 있는 아프가니스탄을 공격하기 위해 럼스펠드는 중부사령관인 토미 프랭크스(Tommy Franks) 대장을 불러들였다. 프랭크스 대장의 대답은 지금 당장 할 수 없다는 것이었다. 왜냐하면 이때만 해도 미군은 아프가니스탄에서 전쟁을 벌일 작전계획을 수립하지 못한 상태였던 것이다.

하지만 이렇게 펜타곤이 혼돈에 빠져 있을 때 바쁘게 움직이고 있던 조직이 있었다. 중동지역의 특수작전을 담당하는 미 육군 제5특전단(5th Special Forces Group)은 전단장인 멀홀랜드(John Mulholland) 대령의 명령 없이도 9·11 테러가 일어나자마자 모두들 기지로 모여들었다. 모두들 빈 라덴이 범인이라는 것, 아프가니스탄에서 작전을 수행해야 한다는 것을 알았고, 그 작전은 당연히 제5특전단이 수행해야 한다고 생각했다. 그들은 1주일 동안 열심히 아프가니스탄에서 펼칠 작전계획을 세우고 전쟁에 대비했다. 제5특전단이 작전계획을 세우고 전쟁을 준비하고 있다는 소식이 펜타곤에 전해지자, 프랭크스 대장은 제5특전단에게 당장 전장으로 갈 것을 지시했다.

제5특전단이 최초로 아프가니스탄에 투입된 것은 2001년 10월 19일이었다. 이날 2개 팀이 투입된 것을 시작으로 소수의 팀들이 투입되어 반군인 북부동맹(Northern Alliance)과 함께 탈레반-알카에다 연합군과 전투를 벌였다. 그런데 놀랍게도 미군의 정규군이 투입되기 전인 11월 12일에 미군 특수부대와 반군은 탈레반군을 밀어내고 아프가니스탄의 수도인 카불(Kabul)을 점령했다. 특수부대가 투입된 지 불과 한 달도 안 된 시점이었고, 투입된 특전중대는 겨우 8개 팀뿐이었다. 이는 특수부대가 전쟁의 초기 단계를 기획하고 성공적으로 실행까지 한 놀라운 사례다.

4세대 전쟁에서는 정규군이 미처 기획하지 못한 전쟁을 특수부대가 준비하기도 한다. 사진은 아프가니스탄 현지에서 프랭크스 대장(오른쪽 끝)에게 작전 상황을 설명하는 멀홀랜드 대령(왼쪽 끝)의 모습이다.

국방개혁과
특수작전

● 이렇게 현대전에서 특수작전의 중요성이 강조되고 있는데, 그렇다면 대한민국에서 특수작전의 현황과 위상은 어떠할까? 최근에 발표된 우리 국방전략문서 가운데 주의해서 볼 만한 것이 바로 '국방개혁 기본계획 2014~2030'이다. '국방개혁 기본계획 2014~2030'에서 우리 군은 작전수행체계를 야전군사령부에서 전방군단 중심으로 개편하여 실제 전투능력을 높이고, 핵심 군사전략도 전면전을 억제하기 위해 선제적인 대응조치까지 취할 수 있는 '능동적 억제' 개념으로 변화를 추구하고 있다.

군단급 UAV(무인항공기) 등 새로운 ISR(정보, 감시, 정찰) 자산과 차세대 전투기, 한국형 헬기, 신형 전차 등의 무기체계 도입으로 과거 '30km(가로)×70km(세로)'였던 군단의 작전책임지역 면적을 '60km×120km'로 3~4배 확대하고, 1·3군 사령부를 통합해 지상작전사령부를 만들어 군단들을 직접 통제한다는 것이다.

병력은 2022년까지 무려 11만 1,000여 명이 감축된다. 인구 감소로 인해 병력 자원이 줄어듦에 따라 어쩔 수 없는 상황을 맞은 것이다. 병력 감소에 따라 부대 수도 줄어들어, 군단은 8개에서 6개로, 사단은 42개에서 31개로, 기갑·기보여단은 23개에서 16개로 줄어든다. 병력이 현저히 줄어드는 만큼 정보·기술 집약형 군대로 변환하면서 필요한 첨단장비를 꾸준히 늘려갈 계획이라는 것이다.

그러나 이러한 원대한 계획들 속에 특수작전에 대한 언급은 찾아볼 수 없다. 북한은 5대 비대칭전력 가운데 하나로서 무려 20만 명에 가까운 특수부대 전력을 보유하면서 우리를 위협하고 있으나, 우리 군의 특수작전에 대한 이해도는 여전히 매우 낮아 보인다. 애초에 전문화되고 강한 전투력을 가진 소수정예병력을 원한다면, 그러한 내용 속에는 응당 특수작전과 특수부대에 대한 통찰이 포함되어 있어야만 한다.

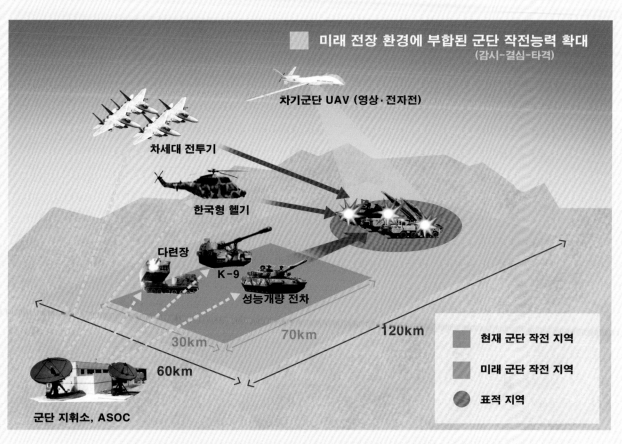

미래 전장 환경에 부합된 군단 작전능력 확대
(감시-결심-타격)

차기군단 UAV (영상·전자전)

차세대 전투기

한국형 헬기

다련장

K-9

성능개량 전차

30km
70km
120km
60km

군단 지휘소, ASOC

	현재 군단 작전 지역
	미래 군단 작전 지역
	표적 지역

'국방개혁 기본계획 2014~2030'에 따라 육군은 군단을 위주로 작전 범위가 확대되어 전쟁을 수행하게 된다.

맞춤형 핵억제전략과 특전부대

● 　　대한민국에서 최근에 군사전략에서 마치 만병통치약처럼 쓰이는 말이 있다. 바로 '킬체인(Kill Chain)'이다. 킬체인은 북한의 핵 공격에 대비하여 적군이 공격을 하려고 준비하고 있을 때 곧바로 공격하는 '선제타격'의 개념으로 쓰이고 있다. 본디 킬체인(우리말로는 타격순환체계)이란 시간별로 위치를 변화하는 중요한 표적을 공격하는 일련의 군사행동 순서를 가리킨다.

전문용어로 요약하면, '시한성 긴급표적(Time Sensitive Target)에 대한 표적화 과정(Targeting steps)'을 킬체인이라고 정의할 수 있다. 즉, 표적을 탐지하고, 쏠까 말까 결정한 다음에, 공격을 실시한 이후, 제대로 맞았는지 확인하는 일련의 과정이다. 미 공군에서는 이런 단계를 좀 더 세부적으로 6단계로 나누어 F2T2EA(Find-Fix-Track-Target-Engage-Assess)라고 부른다.

우리 국방부는 킬체인의 과정을 좀 더 간단하게 4단계로 요약하고 있는데, 설명하면 다음과 같다. ① 한미의 정찰위성과 정찰기 등 정보·감시·정찰(ISR) 자산으로 1분 내에 위협을 탐지하고 ② 1분 내에 식별한다. ③ 식별된 정보를 바탕으로 3분 내에 타격을 명령한다. ④ 25분 내에 목표물 타격을 완료한다.

아주 단순해 보이는 과정이지만 킬체인이 제대로 작동하려면 몇 가지 중요한 전제조건들이 먼저 충족되어야 한다. 우선 탐지하고 식별할 수 있는 정찰 자산이 많아야 한다. 현재 우리 군이 활용하는 자산은 금강·백두 정찰기와 RQ-101 송골매 군단급 무인정찰기, 70cm 해상도의 아리랑3호 위성이며, 많은 부분을 아직도 미군에 의존하고 있다.

한편 찾아냈으면 공격할 수 있는 수단도 중요하다. 최근 발표에 따르면, 우리 군은 사거리 300km급의 현무2 탄도미사일이나 사거리 1,000km 이상의 현무3 순항미사일 등을 타격 수단으로 공개한 바 있다. 그러나 킬체인이란 이동표적에 대한 공격 개념이다. 따라서 발사 후 목표를 수정하는 기능이 부족한 탄도미사일이나 순항미사일은 적절하지 않고, 공군의 전투기가 투하하는 정밀유도폭탄이나 미사일이 매우 유효한 수단이 된다.

국방부는 2015년부터 킬체인을 조기에 구축하겠다고 밝히고 있다. 그러나 킬체인이 유효하게 작동하기 위해서는 위협을 탐지하고 식별하는 정찰 자산이 제일 핵심인데, 이는 군사위성과 정찰기만으로는 해결할 수 없다. 사실 대한민국 환경에서 킬체인에 제일 중요한 ISR 자산은 바로 특전사 요원들이다. 지상의

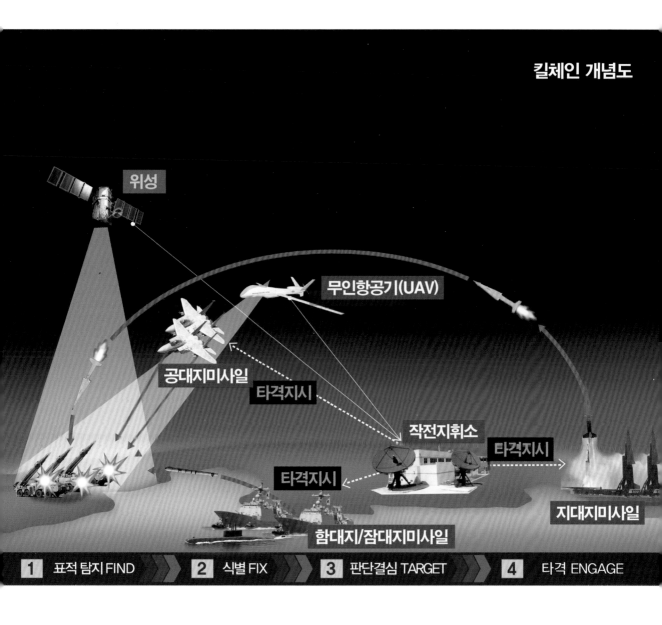

위성

무인항공기(UAV)

공대지미사일

타격지시

작전지휘소

타격지시

타격지시

타격지시

지대지미사일

함대지/잠대지미사일

1	표적 탐지 FIND	2	식별 FIX	3	판단결심 TARGET	4	타격 ENGAGE

특전팀들이 적군의 이동식 미사일 발사대를 감시하고 관측하고 정밀타격을 위해 조준한다면 이것이야말로 최고로 정밀하고 효율적인 수단이 된다. 사실 킬체인을 처음으로 발전시킨 미군도 지상 특수부대의 관측에 많은 부분을 기대고 있고, 현재도 그러하다. 수조 원이 들어갈 RQ-4 글로벌 호크(Global Hawk) 같은 고고도 무인정찰기도 중요하지만, 적지 깊숙이 침투한 특전요원의 능력이야말로 실전에서는 제일 중요하다고 할 수 있다.

한국의 특수전,
합동성을 꿈꾸다

● 　　대한민국에서 특수작전을 담당하는 특수부대에 거는 기대는 크다. 특히 우리 군 최대의 특수전 전력을 갖춘 육군 특수전사령부의 어깨는 무겁다. 평시에는 그 존재만으로도 전쟁억제전력으로 기능하고, 삼풍백화점 붕괴나 세월호 참사 등 재난재해에 대응하는 신속대응부대가 되며, 해외에서 위기에 처한 우리 국민을 구출하는 대테러부대로서 활동해야 한다. 천안함 폭침이나 연평도 도발과 같은 국지전 상황에서는 특전사가 적 병력을 탐색·격멸하고, 혹은 적 부대의 중심부를 응징보복하는 핵심 전력이 된다.

　　전쟁이 벌어지면 할 일은 더욱 많아진다. 적군의 지휘통제체계를 무력화시키고, 후방을 완벽하게 혼란에 빠뜨리는 것이 그들의 임무다. 김정은을 찾아내어 그 목을 가져오는 것도 바로 특전사가 해야만 하는 일이다. 또한 앞에서 언급했듯이 북한이 핵미사일 등 대량살상무기(WMD)를 사용하는 상황이 되면, 킬체인의 핵심이 되어 가장 전방에 배치되어야만 하는 것이 특수부대다.

　　이렇듯 할 일이 많은 특전사이기에 평시에도 혹독한 많은 훈련을 반복하면서 기량을 가다듬고 있다. 그러나 특전사에게는 안타까운 한계가 있다. 적진에 침투할 특수작전용 항공기가 충분하지 않다는 것이다. 물론 미군은 MC-130이나 MH-47, MH-60 등 엄청나게 많은 특수작전 기체를 보유하고 있지만, 대한민국 육군 항공대나 공군이 보유하고 있는 이러한 기체의 수는 충분하지 않으며, 미군의 지원으로 우리의 능력이 배가될 수 있다.

　　사실 이러한 문제를 해결할 아주 좋은 방법은 이미 오래전부터 거론되어왔다. 합동특수작전사령부를 만드는 것이다. 즉, 육군, 공군, 해군이 가지고 있는 특수작전 자산들을 한데 모아서 선용한다면, 그나마 모자랐던 부분들을 서로 보완할 수 있다는 것이다. 이미 1990년대부터 시작되었던 합동특수작전사령부의 논의는 아직까지 결실을 맺지 못하고 있다.

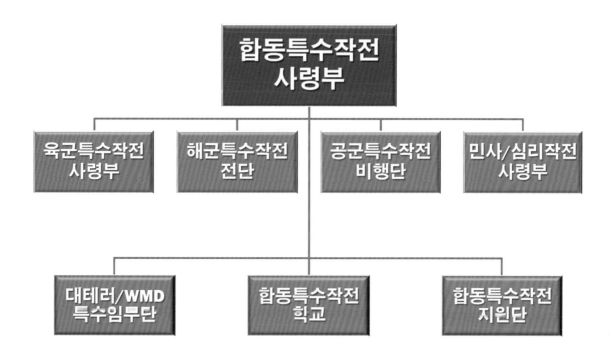

한국의 합동특수작전사령부(저자 제안)

합동특수작전사령부

● 　　합동특수작전사령부 발상은 이미 해외에서는 실현되었다. 그 대표적인 예가 역시 미국이다. 미국은 합동특수작전사령부(Special Operation Command, SOCOM)라는 거대 통합조직을 운용하고 있다. 육·해·공군에 최근에는 해병대까지 모든 특수부대가 SOCOM의 지원과 통제를 받으면서 운용되고 있다. SOCOM은 실전부대를 운용하는 10대 합동전투사령부 가운데 하나로 사령관은 대장이다. SOCOM 사령관들 가운데서 합참의장까지 나오기도 했다.

　　SOCOM에 소속된 특수부대들 가운데는 매우 친숙한 이름들이 많다. 미 육군의 그린베레(Green Beret)와 레인저(Ranger), 해군의 실(SEAL) 팀, 해병대의 포스리콘(Force Recon) 등 쟁쟁한 전적을 지닌 특수부대들이 SOCOM의 체계적인 지원 아래 현재 전 세계에서 대테러전쟁을 수행하고 있다. SOCOM에 소속된 인원은 6만 7,000여 명으로, 연간 7조 원에 가까운 예산을 사용하고 있다. 이렇듯 막강한 특수작전조직이 존재하는 것은 바로 역사적인 교훈 때문이다.

　　1979년 11월 이란에 이슬람 혁명이 휘몰아치던 시기에 이란의 수도 테헤란(Teheran)의 미국대사관이 혁명세력에 의해 점거당했다. 이에 대응하여 미국은 최고의 특수부대인 '델타포스(Delta Force)'를 주축으로 하는 인질구출부대를 편성하고 1980년 4월 작전에 돌입했다. 그러나 항공기의 고장으로 구출부대는 작전 한 번 제대로 하지 못하고 인질구출작전을 포기했고, 엎친 데 덮친 격으로 항공기 간의 충돌사고로 사상자까지 발생했다. 세계 최강이라는 미군이 인질 하나 구출하지도 못하고 주저앉은 것이다.

　　이후 사건의 원인을 조사해본 결과, 침투를 전문으로 하는 특수작전 항공기가 부족하다는 점과 육·해·공군과 해병대 4군 사이의 협동이 부재하다는 점이 문제점으로 지적되었다. 이들을 한데 모아 사령부를 만들어야 하는데, 문제는 특수작전조직이 각 군 내부에서도 소수 조직이다 보니 제 소리를 전혀 낼 수 없다는 것이었다. 이에 대해 상원의원인 윌리엄 코헨(William Cohen)과 샘 넌(Sam Nunn)은 코헨-넌 법안(1987)을 만들어 SOCOM을 탄생시켰다. 내부 역학 때문에 일이 진행되지 않으니 법률로써 강요하여 SOCOM이 등장한 것이다. 그리고 그렇게 30년 전에 만들어진 조직이 현대전에서 중요한 역할을 수행하는 도구가 되었다.

한국의 SOCOM은?

●   합동특수전조직은 미국에 국한되지 않는다. 영국은 가장 중요한 전략 자산 세 가지만을 통합군으로 운용하는데, 그 세 가지가 해리어(Harrier) 수직이착륙기, 헬리콥터, 그리고 특수작전부대다. 엔테베 구출작전으로 유명한 이스라엘의 특수부대들도 마찬가지다. 이스라엘은 최근에는 종심군단을 창설하여 합동특수전조직을 완성시켰다. 이외에도 프랑스, 이탈리아 등 다양한 국가들이 SOCOM을 본뜬 조직들을 창설하고 있다.

전 세계의 합동특수전조직에는 공통점이 있다. 그것은 바로 육·해·공 각 군의 특성과 장점을 인정하고 서로의 영역을 존중한다는 것이다. 이에 따라 지상의 특수부대와 해상 수중 특수작전의 전문부대, 그리고 이들을 공중에서 투입할 수 있는 공군 특수작전비행단으로 구성된다. 이외에도 민사심리작전을 전담하는 부대가 별도로 편제되고, 사령부의 규모가 큰 경우에는 합동특수작전학교가 설립되기도 한다.

대한민국의 경우에도 SOCOM을 창설할 경우에 유사한 구조를 가지게 된다. 육군 특전사와 해군 특수전여단, 공군 특수작전비행대대를 합친 조직이 창설되어야만 한다. 이때 해군 특수전여단은 사령부급으로, 공군 특수작전비행대대는 비행단급으로 확대해야 할 필요가 있다. 특히 MC나 MH계열의 특수작전 전용 항공기의 추가 획득을 통해 지형회피/지형추적(TA/TF) 레이더를 이용한 저공침투비행능력이 향상되도록 만들어야만 한다. 그래야 우리의 특전요원들을 은밀하게 적진으로 침투시키고 안전하게 회수해올 수 있다.

그러나 대한민국도 각 군 지휘부의 특수작전에 대한 이해도가 매우 높다고 보기 어렵다. 각 군 내에서 소수자인 특수부대는 합동사령부로 모이겠다는 말을 함부로 할 수 없다. 잘못하면 자군에 대한 배신행위로 비춰질 수도 있기 때문이다. 결국 우리도 미국의 경우처럼 별도의 법안을 통해 SOCOM을 만들어야만 하는 것은 아닌가 하는 의문이 드는 것은 바로 이 때문이다. 어떤 경우이든 킬체인 작전을 효과적으로 진행해 이 땅을 핵 위협에서 지켜내기 위해서라도 한국판 SOCOM의 창설은 명백하고도 현존하는 중요 과제다.

한국의 특수작전능력을 향상시키기 위해서는 각각 흩어져 있는 특수작전 자산들을 한데 모으는 것이 중요할 것이다. MH-47 같은 특수작전 전용 헬기에 다양한 기동수단을 갖추는 것은 기본 중의 기본이다.

특수부대만의 무기체계

● 특수작전은 어느 군사작전보다도 강도 높게 진행이 되기 때문에 그에 쓰이는 무기체계도 남다르다. 전문성에 맞도록 전문화되어 있고, 소량주문생산 제품들이 대부분이다. 소위 '명품'무기가 요구되는 경우가 많다. 이 과정에서 특수부대는 여러 가지 시험적인 장비들을 실제로 사용해본 뒤 채용 여부를 결정한다. 이들이 이룩한 성과는 군 전체나 경찰의 장비 선택에까지 영향을 주고 있다. 한 마디로 특수부대는 각종 특수장비의 테스트 파일럿(test pilot)이나 다름없다.

일단 특수부대는 소총이나 기관총 등 무장에 있어서는 타의 추종을 불허한다. 일단 무조건 명사수인 것이 특수부대원의 기본조건이거니와, 기관단총이나 소음총, 저격총 등 임무에 맞게 다양한 총기를 활용하고 익숙해져야만 한다. 적지에서 활동하는 것에 대비해 심지어는 적의 화기도 내 것처럼 몸에 익게 사용할 수 있어야만 한다. 총기에는 소음기, 전술라이트, 가시/비가시 레이저조준기 등 다양한 부가 장비들이 기본으로 장착된다.

피복 또한 남다르다. 특수부대는 보병의 개인군장에 있어서도 트렌드를 선도한다. 최근에 전 세계적으로 채용되고 있는 MOLLE('몰리'로 발음) 군장결속방식 일체형 방탄조끼도 실은 미 SOCOM(합동특수전사령부)에서 BALCS라는 이름으로 본격적으로 채용된 데서 유래한다. 2008년부터 미 육군이 채용한 해체식 방탄조끼인 IOTV(Improved Outer Tactical Vest)도 실은 특수부대가 애용하던 CIRAS 해체식 방탄조끼를 보급형으로 만든 것이다.

최근에 전 세계적으로 유행하고 있는 차이나 칼라 군복을 유행시킨 것도 특수부대다. 방탄조끼나 장비조끼를 입고 활동하는 특수부대의 특성상 불필요한 주머니를 줄이고 운동성을 최대한 강조한 '특수전 강습전투복'을 1990년대부터 미군 특수부대에서 채용하기 시작했는데, 이제는 이런 모양의 군복이 미군 전체로 확대되었다. 우리 군이 채용한 신형 디지털 군복도 특전사에서 도입하기 시작하여 전군으로 확대되었는데, 이런 차이나 칼라 디자인에 바탕하고 있다.

이렇듯 특수부대는 새로운 군장비의 시험장이자 등용문으로서 보병 장비의 첨단화에 기여하고 있다. 반면 우리 특전사의 현실은 녹록지 않다. 외부에서 바라보고 있노라면, 기존의 화기를 바꾸는 것도 쉽지 않고, 예산이 충분한 것 같지도 않다. 이렇게 헌신적인 대원들이 오늘도 나라를 위해 기꺼이 자신의 목숨을 바칠 각오가 되어 있는데, 장비마저 부족해서야 되겠는가.

미래의 특전맨 개인장구

❶ **옵스코어 패스트 밸러스틱 헬멧**(Ops-Core FAST ballistic helmet)
미 특수전부대 사용. 가벼워서 공중침투 용이.

❷ **IR 비콘**(Beacon) IR(적외선) 위치확인장치

❸ **IR 켐라이트**(Chemlight) 소형임에도 불구하고 어둠 속에서 IR 발광이 장시간 지속되고, 내구성과 휴대성이 뛰어남. IR 라이트 스틱
(Light Stick)이라고도 부름.

❹ **메딕 파우치**(Medic Pouch)

❺ **LBT-6094A 방탄조끼** 미 특수전부대 사용 제품.

❻ **맥풀**(Magpul) **탄창** 플라스틱 재질로 방음효과가 뛰어나고 송탄불량 없음.

❶ 옵스코어
패스트
밸러스틱 헬멧

❷ IR 비콘

❸ IR 켐라이트

❹ 메딕 파우치

❺ LBT-6094A
방탄조끼

❻ 맥풀 탄창

특수작전의 진실

● 　　　그러나 특수작전에는 화려한 영웅신화만이 있는 것은 아니다. 평시에 피땀 어린 훈련과 전시에 숭고한 희생으로 승리가 이루어지는 것이다. 또한 특수부대의 능력은 값비싼 첨단장비나 대원들의 엄청난 체력에서만 나오는 것이 아니다. 다양한 실전 경험과 유연한 사고를 갖춘 베테랑 특전요원들이 리더십을 발휘함으로써 특수작전은 그 빛을 발할 수 있다.

　　그래서 가장 중요한 것이 바로 사람이다. 우수한 특전요원은 하루아침에 만들어질 수 없다. 호랑이 새끼들이 모여 치열한 자기 준비를 거쳐 맹수로 태어난다. 그렇다면 그에 걸맞은 대우와 존중이 필요하다. 하지만 우리의 현실은 그렇지 못하다. 특전사 소속 장교들의 진급률은 육군 전체 평균을 밑돌고 특전부사관에 대한 처우도 많은 개선이 필요한 실정이다. 그 어느 분야보다도 사람이 중요한 것이 특수작전이기에 사람에 대한 관심과 투자는 앞으로도 계속되어야만 할 것이다.

전쟁의 역사가 알려주는 특수작전의 진실은 다음과 같다.

- 인간은 장비보다 중요하다.
- 질이 양보다 중요하다.
- 특수부대는 양산될 수 없다.
- 비상시라도 우수한 특수부대는 곧바로 창설될 수 없다.
- 비특전 요소의 지원이 있어야 특수작전도 가능하다.

이러한 특수작전의 진실 속에서 우리 특전사는 대한민국이 존재하는 한, 영원히 국군의 첨병으로 언제나 일선에서 활약할 것이다.

부록

세계의 특수부대 화기 및 장비

구분	명칭
기관단총 (Submachine gun)	K−1A
	MP5
	MP5K
	K-7
돌격소총 (Assault rifle)	M4 Carbine
	M16A4
	HK416
	K−2
	FN SCAR−L
전투소총 (Battle rifle)	FN SCAR-H
	HK417
저격총 (Sniper rifle)	SR−M110 SASS
	MSG−90
	AW−50
	K−14
	McMillan Tac-50
	M2010 ESR
권총(Gun)	K-5
유탄발사기(Grenade launcher)	K-201
대전차로켓 (Light Anti−Tank Weapon)	M72LAW
감시장비	야간 감시장비 PVS−7
	야간 감시장비 PVS−04K
	열영상 조준경 PAS−01K
	다기능 쌍안경 벡터(Vector)
폭파장비	PRG−1831K
	PRG−184K

화기

• 기관단총 K-1A

국가	대한민국
제조연도	1984
제원	무게 : 2.88kg
	길이 : 83cm
	구경 / 탄알집 : 5.56mm / 30shots
	유효사거리 : 250m
	최대사거리 : 2,453m
	유효발사속도 : 연발 150∼200발/분 단발 45∼65발/분
	강선 : 6조 우선
	탄속 : 820m/s
단가	약 90만 원(US$ 840)
특성	단발, 점사, 연사 자동장전 사격 방식(조정간 사용)
	견착 사격식(어깨 홈에 개머리판 견착하여 사용)
	탄알집 장전직
	가스 작용식(많은 양의 가스로 노리쇠 후퇴 전진)
	공랭식(총열을 공기로 냉각)
	접이식 개머리판

K-1A 기관단총은 대한민국 최초로 독자 개발한 소화기로, 현재 국군의 특수부대와 K-2 사용이 제한되어 있는 보직(예를 들어 지휘관, 통신병, 전차승무원)에 보급되어 있다.

1970년 당시 우리나라 특수부대는 2차 대전 후반에 나온 M3기관단총을 사용하고 있었다. 그 무렵 특수전사령부는 국방과학연구소 (ADD, Agency for Defense Development)에 신형 기관단총 개발을 요청한다. 한창 K-2 소총을 개발하고 있던 국방과학연구소는 초기 K-1의 단점을 보완하여 K-1A를 개발하기 시작한다. 그 결과 1977년, K-2 소총보다 먼저 K-1A 기관단총 개발을 끝낼 수 있었고, 국군은 이를 1980년 정식으로 채택하여 1984년부터 야전에 보급시켰다.

K-1A 기관단총은 K1의 나팔형 소염기를 개량한 우상방에 3개의 구멍이 있는 총구앙등억제 소염기를 채택하여 화염을 3분의 1 정도 감소시켰고, 소음 및 반동을 줄였다. 3점사 또한 가능하며 야간 사격 시 조준이 편리한 것이 특징이다. 힌지에 풀림방지 고리를 추가하

여 사격 중 몸통이 분해되면서 사수의 얼굴로 노리쇠가 튀어오르는 문제 또한 해결했다.

가스 튜브를 사용한 가스 작동식이라는 점은 M16 소총과 유사하지만, 노리쇠 뭉치에 장전 손잡이를 직접 달아 노리쇠 전진기가 없다는 점은 M16과 다르다. 고정된 차개로 튕겨내어 탄피를 배출하는 방식은 AK 시리즈와 같다.

K-1A는 흔히 K-2 소총이 줄어든 것, 또는 개머리판 형식만 달리한 것이라고 하지만 사실은 그와 다르다. 바로 앞에서 언급했듯이 K-1A는 가스 작동식이지만, K-2는 가스 피스톤 방식이다. 그렇기 때문에 아래 몸통을 제외하고는 K-2와 부품 또한 호환되지 않는다. K-2에 사용하는 탄환은 K100(5.56×45mm NATO탄)이 적합하지만, K-1A는 KM193(223 레밍턴탄)이 적합하다. 물론 K-1A는 K100탄의 사용이 불가능한 것은 아니나, 정확도가 떨어진다. 현재는 K100탄 역시 사용 가능하도록 총열을 생산하고 있기 때문에 기존의 것을 순차적으로 교체(수리 입고 시 총열 교체 후 지급)하고 있다.

• 기관단총 MP5

국가	독일
제조연도	1966
제조사	헤클러 & 코흐 사(Heckler & Koch GmbH)
제원	중량 : 2.54kg
	길이 : 680mm(고정식 개머리판)
	총열길이 : 225mm
	탄약 : 9×19mm 패러벨럼(Parabellum)
	장전방식 : 15/30/32/100발 탄창
	연사속도 : 800발/분
	총구속노 : 270m/s
	유효사거리 : 200m

MP5 기관단총은 1966년부터 지금까지 독일의 헤클러 &코흐 사(Heckler & Koch GmbH)에서 생산하고 있다. 헤클러 &코흐 사는 MP5, MP7, G3, G36, HK416 소총들을 생산한 회사로, 제품의 정밀성, 내구성, 신뢰성, 정확성이 뛰어나기로 유명하다. 독일은 2차 대전 이후 이스라엘의 우지(Uzi) 기관총을 들여 와 제식명칭 MP2를 채택하여 사용했다. 하지만 명중률에서 한계를 드러냈고, 인체공학과 어긋나 불편함을 호소하면서 새로운 기관단총의 필요성을 느끼게 되었다. 이에 헤클러 & 코흐 사는 G3 소총을 발전시켜 새로운 MP5를 개발하게 된다.

과거 대부분의 기관단총이 오픈 볼트(open bolt) 방식이어서 초탄 명중률이 떨어졌으나, MP5는 클로즈드 볼트(closed bolt) 방식을 사용하여 초탄 명중률을 한층 높였다. 정밀도와 신뢰성 또한 뛰어나기 때문에 1970년대부터 여러 나라의 특수부대나 대테러부대에서 채용해 사용했다. 우리나라의 경우는 특수임무부대, 해군특수전여단, 경찰특공대, 해양경찰특공대에서 사용하고 있다.

최초 모델인 MP5A1부터 여러 형태의 변형 모델이 개발되었으나, 한국군에는 가변식 개머리판에 SEF 방아쇠 그룹[안전(Sicher), 단발(Einzelfeuer), 자동 (Feuertoss)]을 채택한 MP5A3 모델이 최초로 도입되었고 현재는 MP5A5 모델이 주로 들어오고 있다. MP5A5 역시 가변식 개머리판과 SEF 방아쇠 그룹을 채택했고, 거기에 추가적으로 점사 모드가 가능하다.

MP5의 가장 큰 장점은 롤러 지연 블로우백 방식과 클로즈드 볼트 방식에 있다. 블로우백 방식이란 탄환이 발사될 때 그 가스 압력에 의해 노리쇠가 후퇴하는 것으로, 노리쇠에 있는 롤러가 후퇴를 방해하고 있기 때문에 약실 압력이 충분히 떨어질 때까지 지연시켜주는 방식이다.

클로즈드 볼트 방식은 노리쇠가 폐쇄된 상태에서 발사되는 것으로, 오픈 볼트와 달리 방아쇠를 당기면 노리쇠뭉치가 전진하지 않고 작은 공이만 움직여 격발되므로 단발 사격 시 높은 명중률을 기대할 수 있는 방식이다.

또한 사용자의 편리성을 고려하여 인체공학적으로 설계되었다.

MP5 기관단총이 실전에서 그 능력을 알린 최초의 사건은 1977년 10월 17일, 소말리아 모가디슈 공항에서 '검은 구월단'이 루프트한자 항공기를 납치한 사건이다. 이 납치 사건이 발생하자, 독일의 GSG-9(Grenzschutzgruppe 9: 독일연방경찰 소속 특수부대)이 MP5를 사용했다. GSG-9은 작전 개시 불과 2분 만에 납치범 3명을 사살하고 1명을 생포했으며, 86명의 인질을 안전하게 구출했다.

이 작전을 본 영국은 기존의 스털링SMG를 MP5로 대체했는데, 1980년 4월 30일 런던 소재의 이란대사관 인질 사건에서 MP5는 또 한 번 유명해진다. 영국 특수부대 SAS는 인질범을 진압하는 과정에서 MP5를 주무기로 사용했고, 이 모습은 전 세계에 생방송으로 중계되었다. MP5는 두 차례에 걸친 실전에서 멋진 활약을 보여줌으로써 세계 각국의 대테러부대에서 채용하기에 이른다.

• 기관단총 MP5K

국가	독일
제조연도	1976
제조사	헤클러 & 코흐 사
제원	중량 : 2.09kg
	길이 : 325mm
	총열길이 : 115mm
	탄약 : 9×19mm 패러벨럼
	장전방식 : 15/30발 탄창
	연사속도 : 800발/분
	유효사거리 : 150m

MP5K는 MP5의 단축 개량형이다. 총열을 줄이고 전방 수직 손잡이를 장착한 뒤 개머리판을 제거한 버전이다. 단, 운용상 접이식 개머리판을 추가하고 소음기 장착이 가능하도록 총구 앞에 기존 MP5와 동일한 돌출 부위를 붙인 MP5K PDW 모델도 있다.

헬기 조종사가 호신용으로 사용하기도 했고, SWAT에서 포인트맨(point man: 선두 척후병)이 가볍고 크기가 작아서 돌입용으로 사용하기도 했으며, 서류가방 안에 넣은 채로 사격할 수 있는 크기가 작은 경호원용 모델이 나오는 등 다양한 곳에서 사용되고 있다. SAS에서는 숨기고 이동할 때 불편함이 없도록 권총과 유사한 오픈형 가늠자로 개조하여 쓰기도 한다.

• 기관단총 K-7

국가	대한민국
제조연도	2003
제원	무게 : 3.38kg
	구경 / 탄알집 : 9mm / 30shots
	유효사거리 : 130m
	최대사거리 : 1,550m(K100)
단가	약 280만 원(US$ 2,620)
특성	단발, 점사, 연사 자동장전 사격방식
	접이식 개머리판
	소음기관단총

K-7은 특전사의 요청에 따라 국방품질관리소와 대우정밀이 2년 8개월에 걸쳐 개발한 최초의 국산 소음기관단총이다.
유사한 화기인 MP5SD와 비교했을 때, 단가는 저렴하지만 집탄율이 근접하고 소음기 능력 또한 111.5db로 비슷하다.
단순 블로우백(blowback) 방식(노리쇠 부분에 기계적 구조가 없는 방식)이기 때문에 야전에서의 운용성과 신뢰도가 높다. 9mm 루거 패러
벨럼(Luger Parabellum) 탄과 IMI 우지(Uzi) 기관단총 탄창을 사용한다.
현재 인도네시아와 방글라데시에서도 사용하고 있으며, 특히 인도네시아 해군 특수부대의 대게릴라 작전 시 운용했다.

• 돌격소총 M4 Carbine

국가	미국
제조연도	1994
제조사	콜트(Colt) 사
제원	구경 : 5.56mm
	탄약 : 5.56mm×45mm NATO(SS109)
	작동방식 : 가스 작동식, 회전 노리쇠 방식
	전장 : 757〜838mm(개머리판 접었을시〜폈을시)
	총열길이 : 368.3mm
	중량 : 2.68kg
	발사속도 : 분당 750〜900발
	탄창 : STANAG(M16) 탄창, 30발
	탄속 : 884m/s
	유효사거리 : 360m
	최대사거리 : 1,460m

M4 카빈은 M16A2 소총의 카빈 버전으로 M16A2와 80% 이상의 부품이 호환된다. 미국의 콜트 사가 개발하여 1994년 미군의 제식 소총으로 채용되었다. 1997년부터는 M4A1 카빈이 납품되었고, 2002년부터는 6단계로 조절이 되는 LE 스톡 개머리판과 RIS가 기본 장착된 후기형 M4A1이 생산되고 있다.

M4 카빈과 M4A1 카빈의 차이점은 M4는 발사모드가 "S-1-3"(safe - semi automatic - 3 round burst, 안전-반자동-3점사)인데 반해, M4A1은 "S-1-F"(safe - semi automatic - fully automatic, 안전-반자동-전자동)이라는 점이다.

원래 미군의 제식소총은 M16이었고, M4 카빈은 특수부대에서만 사용을 했다. M16은 총열길이가 더 길기 때문에 명중률이 높다. 하지만 미군이 기계화 및 차량화 되면서 차량이나 헬기에 탑승하여 이동하는 경우가 많아졌으며, 전장 환경도 가까운 거리에서 자주 교전이 일어나는 시가전 위주로 바뀌게 되면서 총열이 짧아서 휴대성이 높고 무게가 가벼운 M4 카빈을 더 선호하게 되었다. 또한 M4 MWS(모듈러 웨폰 시스템)으로 개량이 되면서 나이츠 아머먼트 컴퍼니(Knight's Armament Company)의 피카티니 레일 시스템인 RAS를 총열덮개를 사용하여 다양한 액세서리 장착이 가능한 M4 카빈이 각광을 받게 되었다.

현재에는 일반부대에도 M4 카빈은 기본 제식으로 채택되었으며, 이라크 및 아프가니스탄에서 작전 중인 미군의 대부분이 사용하는 화기가 되었다. M4A1 카빈은 거의 대부분의 미 특수부대에서 사용되고 있다.

미 특수전사령부(United States Special Operations Command, US SOCOM) 예하의 일부 특수부대와 EOD(폭발물 처리 ; explosive ordnance disposal) 및 VBSS(승선 및 수색임무 ; the Visit, Board, Search, and Seizure)에서는 M4A1 카빈에 10.3인치의 짧은 총열을 채용한 Mk.18 CQBR(Close Quarters Battle Receiver)을 사용하기도 한다. 최근 M4A1 카빈의 낮은 화력과 신뢰성을 개선한 FN SCAR로 교체될 예정이었지만 취소된 상태이다.

또한 미 특수전사령부에서는 SOPMOD(Special Operations Peculiar Modification) 블록 키트를 개발하여 사용 중이다. 블록 키트는 별도의 개발을 하지 않고 시중의 제품을 모아서 세트화 한 것으로 키트 1과 키트 2가 있으며, 필요한 액세서리가 있으면 구분하지 않고 가져다 사용한다.

• 돌격소총 M16A4

국가	미국
제조사	FN USA
제원	구경 : 5.56mm
	탄약 : 5.56mm×45mm NATO(SS109)
	전장 : 1,002mm
	중량 : 3.77kg
	발사속도 : 분당 750~900발
	탄창 : STANAG 탄창, 20/30발
	탄속 : 875m/s
	유효사거리 : 550m
	최대사거리 : 1,460m

1962년부터 사용된 M16 소총은 베트남 전쟁을 계기로 미군의 주력 제식소총이 되었다. 이후 지속적인 개량을 거쳐 M16A1, M16A2, M16A3, M16A4 시리즈가 탄생했다. 그중 M16A4는 기존의 콜트 사가 아닌 FN 사가 개발했다.

우리나라에서도 베트남 전쟁 당시 미국으로부터 M16을 지급받아 사용했으며, 1968년에 제식소총이 되었다. 대우정밀에서 M16A1을 면허 생산했으며, K-2 소총이 개발된 후 일선에서는 물러나 후방이나 예비군용으로 전환되고 있다.

현재 모든 미 해병대의 제식소총인 M16A4는 M16A2를 기본으로 하고 M4를 참고해서 총신 상부와 핸드가드에 피카티니 레일을 장착한 버전으로, 발사 모드는 안전-반자동-3점사(Safe-Semi-Burst)로 되어 있다.

• 돌격소총 HK416

국가	독일		
제조연도	2004		
제조사	헤클러 & 코흐 사		
제원	구경 : 5.56mm		
	탄약 : 5.56mm×45mm NATO(SS109)		
	강선 : 7인치에 1회전		
	작동방식 : 숏 스트로크 피스톤(Short-stroke piston), 강선 회전식		
	총열길이 : 228mm(HK416C), 264mm(D10RS), 368mm(D14.5RS), 419(D16.5RS)mm, 505mm(D20RS), 420mm(D271AR)		
	전장 : 690mm(HK416C)		
	중량 : 2.95kg(HK416C)		
	전고 : 236mm(HK416C)		
	발사속도 : 분당 700~900발(HK416C)		
	탄창 : STANAG 탄창, 30발/20발 또는 Beta C-Mag, 100발		
	탄속 : 788m/s(D10RS), 882m/s(D14.5RS)		
	유효사거리 : 300m		
	최대사거리 : 400m		

HK416은 독일의 헤클러 & 코흐 사가 제작한 M4 소총의 개량형 돌격소총이다. M4 소총에 대한 미 육군 델타포스(Delta Force)의 개량 요구가 있자, 헤클러 & 코흐 사가 AR-15 플랫폼을 기반으로 하여 개발한 소총이다.

가스 시스템이 M4 소총에서는 가스 튜브 방식이었으나, HK416에서는 가스 피스톤 방식으로 개량되었으며, 분리형인 숏 스트로크 (Short-stroke piston) 방식이라 반동이 작고, 신뢰성도 향상되었다. 하지만 M4 소총에 비해 조금 무겁다.

다양한 개량형이 개발되었으며, 노르웨이군의 제식소총으로 2008년에 도입되었다. 세계 각국의 특수부대 및 일반 부대에서 일부 도입 하여 사용 중이나 M4 카빈에 밀려 빛을 보진 못했다.

· 돌격소총 K-2

국가	대한민국
제조연도	1985
제원	무게 : 3.26kg
	길이 : 97cm
	구경 / 탄알집 : 5.56mm / 30shots
	유효사거리 : 460~600m
	최대사거리 : 3,300m(K100) / 2,653m(KM193)
	유효발사속도 : 연발 150~500발/분 단발 45~65발/분
	강선 : 6조 우선
단가	약 93만 원(US$ 870)
특성	단발, 점사, 연사 자동장전 사격 방식
	견착 사격식
	탄알집 장전식
	가스 작용식
	공랭식
	접이식 개머리판

K-2 소총의 길이를 줄인 신형 K-2C

국방과학연구소가 개발하고 S&T모티브에서 생산한 국군의 주력 제식소총으로 K100탄을 사용한다. 1972년 박정희 대통령의 지시로 기존에 사용했던 M16A1을 대체하고 화기의 국산화를 목적으로 국방과학연구소에서는 여러 종류의 총기를 개발하기 시작했다. K-1에 이어 개발이 완료되어 K2로 명명되었으며, 1985년부터 보급되었다. 최근에는 K-2 소총의 길이를 줄인 K-2C 신형 소총을 시험적으로 사용하고 있다.

• 돌격소총 FN SCAR-L

국가	벨기에
제조연도	2007
제조사	FN(Fabrique Nationale de Herstal)
제원	구경 : 5.56mm
	작동방식 : 가스 작용식, 회전 노리쇠 방식, 숏 스트로크 가스 피스톤 방식
	전장 : 620~850mm
	총열길이 : 351mm
	중량 : 3.59kg
	발사속도 : 분당 550~600발
	탄창용량 : 30발

• 전투소총 FN SCAR-H

SCAR-L(위)과 SCAR-H(아래)

	구경 : 7.62mm
	탄약 : 7.62mm×51mm NATO
	작동방식 : 가스 작용식, 회전 노리쇠 방식, 숏 스트로크 가스 피스톤 방식
제원	전장 : 770~997mm
	총열길이 : 400mm
	중량 : 3.86kg
	발사속도 : 분당 550~600발
	탄창용량 : 20/30발

FN SCAR는 미군의 SCAR(Special Operations Forces Combat Assault Rifle) 프로그램의 요구사항에 맞추어 파브리크 나시오날 드 에르스탈(Fabrique Nationale de Herstal, FN) 사가 개발·생산하는 돌격소총, 전투소총, 저격총 시스템이다. 다양한 변형이 있지만, 크게 Mk.16 SCAR-L(Light)과 Mk.17 SCAR-H(Heavy)로 구분된다.

Mk.16 SCAR-L은 5.56×45mm NATO탄을 사용하며, Mk.17 SCAR-H는 7.62×51mm NATO탄 또는 7.62×39mm탄을 사용한다. 처음부터 모듈화를 염두에 두고 설계했기 때문에, Mk.16 SCAR-L과 Mk.17 SCAR-H는 90%가 넘는 부품이 동일하여 쉽게 다른 종류로 변형할 수 있다.

FN SCAR는 2006년 중반 최종 개발 및 시험단계를 거쳐 2007년 최초 생산 시험을 완료했다. 그 후 한동안 지연되다가, 2009년 4월 미육군 레인저 75대대에 SCAR 600정이 보급된 것을 시작으로 레인저와 네이비실에 보급되었다.

그러나 2010년 6월 미특수전사령부(United States SpecialOperations Command, USSOCOM)는 Mk.16 SCAR-L의 도입을 취소했고, M14를 대체할 수 있는 Mk.17 SCAR-H만 추가 도입하고 있다.

HK417

• 전투소총 HK417

국가	독일
제조연도	2005
제조사	헤클러 & 코흐 사
제원	구경 : 7.62mm
	탄약 : 7.62mm×51mm NATO
	작동방식 : 숏 스트로크 피스톤, 회전 노리쇠 방식
	총열길이 : 305mm(Assaulter), 406mm(Recce), 505mm(Sniper)
	전장 : 885mm(Assaulter), 985mm(Recce), 1085mm(Sniper)
	중량 : 3.87kg(Assaulter), 4.05kg(Recce), 4.23kg(Sniper)
	전고 : 213mm
	발사속도 : 분당 600발
	탄창용량 : 10, 20발들이 분리형 박스 탄창
	발사모드 : 반자동, 자동
	탄속 : 709m/s(Assaulter), 750mm(Recce), 789mm(Sniper)

HK417은 HK416의 7.62m 버전으로 별도로 개발한 전투소총이다. 유효사거리나 사격 시 반동은 HK416과 비슷하지만 7.62mm 탄을 사용하여 5.56mm 탄의 낮은 저지력을 보완했다. 성능과 정밀성이 높아 여러 나라 군대 및 특수부대 그리고 경찰에서 사용되고 있는데, 특히 이라크 전쟁 시 영국의 특수부대인 SAS(Special Air Service regiment)가 사용했다.
여러 가지 버전으로 개발되어 12인치 총열을 사용한 표준 돌격용(Assaulter), 16인치 총열을 사용한 수색대용(Recce), 20인치 총열을 사용하여 지정 사수용 소총(DMR)으로 자주 쓰이는 저격용(Sniper) 등으로 구분된다.

· 저격총 SR-M110 SASS

국가	미국
제조사	나이츠 아머먼트 컴퍼니(Knight's Armament Company)
제원	구경 : 7.62mm × 51 NATO(.308WIN)
	작동방식 : 반자동식
	전장 : 1,208mm
	총열길이 : 508mm
	중량 : 6.9kg(조준경, 양각대, 소음기 포함)
	강선 : 5조 우선
	유효사거리 : 800m
	탄창용량 : 10발 / 20발
	조준경 : 르폴드(Leupold) 3.5×10 가변배율(Double revolution)
	케이스 : 41″Long×17″Wide × 12″Deep

SR-M110 SASS(Semi-Automatic Sniper System)는 2012년 말에서 2013년 초 도입된 7.62mm 반자동 저격용 소총이다.

저격 임무 수행 시 다양한 작전 형태에 따라 효과적인 전술 운용을 기대할 수 있고, 볼트액션 방식(수동식)의 소총 사용 시 발생하는 문제점을 보완할 수 있으며, 이동 표적 및 다수 표적을 신속하게 제압하고 소음기를 장착해 은밀하게 작전을 수행함으로써 생존성을 크게 향상시킬 수 있기 때문에 도입했다.

광학 장비의 손쉬운 장착과 확장성을 위해 피카티니 레일을 장착했고, 강화금속(RAS)으로 총열을 제작하여 총열 수명을 늘렸다. 소음기 장착으로 앙등 현상 및 화염까지 최소화했으며, 각종 옵션 장착이 가능하다. 또한 개머리판 조절 및 조준경 십자망선의 광도 조절도 가능하다.

SR-M110 SASS는 SR-25(Stoner Rifle 25)를 기본 구조로 하고 있다. SR-25를 약간 개량한 것을 2000년 5월 미 해군 네이비실이 제식 명칭 MK.11 Mod.0를 붙여 먼저 채택했다. 그 뒤 M24 저격소총을 대체하고자 했던 육군의 요구사항에 따라 소염기를 개량하고 QD전용 소음기를 만들어 장착하고 URX라는 나이츠 아머먼트 컴퍼니(Knight's Armament Company)의 레일 인터페이스 시스템(Rail Interface Systems, RIS)을 장착해 신뢰성과 정밀성을 높인 SR-M110 SASS를 채용하게 되었다.

미 해병대 또한 2011년 말부터 M21을 SR-M110 SASS로 대체했으며, 이스라엘군과 한국의 청해부대, 그 밖의 호주, 싱가포르 등 여러 국가의 군대에서 채용하고 있다.

SR-M110 SASS는 SR-25의 구형 프리 플로트 RAS(Free Float RAS) 총열덮개를 URX 모듈러 레일 총열덮개로 교체했으며, 접이식 가늠쇠/자를 탑재했다. 그 밖에 세부적인 설계가 몇 가지 바뀌었다는 점 이외에는 SR-25/MK.11과 동일하다. 볼트액션 저격소총의 장점인 높은 명중률을 그대로 유지하면서 동시에 반자동 저격소총의 장점인 연속발사도 가능한 수준 높은 저격소총이다.

· 저격총 MSG-90

국가	독일
제조연도	1987
제조사	헤클러 & 코흐 사
제원	중량 : 6.1kg
	길이 : 1,165mm
	총열길이 : 600mm
	탄약 : 7.62×51mm NATO
	장전방식 : 5/20발 탄창
	작동방식 : 롤러 지연 블로우백
	총구속도 : 868m/s
	유효사거리 : 1,000m

헤클러 & 코흐 사의 MSG 90(Militärische Scharfschützen Gewehr 90)은 고가의 저격소총인 PSG1의 성능을 유지하면서 무게를 가볍게 개량한 저격소총이다.

PSG1과 외형이 비슷하며, 부품의 수를 줄이고 단순화하여 내구성을 높였다. 특히 총신의 길이를 약 50mm 줄이고, 권총 손잡이 밑에 달려 있던 추를 제거하여 무게를 줄였다. 따라서 경찰용 PSG1보다 보급 단가가 낮다.

개머리판 길이 조절이 가능하며, 사용자의 체격에 맞춰 상하로 칙패드(cheekpad)를 조절할 수 있다. 총기 상부에는 레일 시스템을 적용하여, 사거리 100~1,200m까지 사용할 수 있는 10배율의 저격조준경을 표준으로 장착하고 있는데, 저격수의 스타일과 선호 방식에 따라 교체할 수도 있다.

저격용 양각대 바이포드(bi-pod)는 총열덮개 아래쪽으로 접어넣을 수 있다. 사격은 반자동 사격만 가능하다.

• 저격총 AW-50

국가	영국		
제조연도	1983		
제조사	애큐러시 인터내셔널(Accuracy International)		
제원	중량 : 5.49kg		
	길이 : 1,092mm		
	탄약 : 12.7×99mm NATO		
	장전방식 : 6발 탄창		

AW(Arctic Warfare: 아크틱 워페어)는 영국의 애큐러시 인터내셔널(Accuracy International) 사에서 생산된 볼트액션식 저격총이다. AW-50은 기존의 AW를 .50BMG(.50 Browning Machine Gun), 즉 12.7×99mm NATO탄을 쓸 수 있도록 개조한 개량형이다. 현재 영국군과 오스트레일리아군 등이 사용하고 있다. 우리나라는 2000년대 초 장거리 및 대물 저격용으로 도입하여 해군 UDT도 사용하고 있으며, 청해부대가 아덴만 여명작전 시 사용한 바 있다.

.50BMG탄은 1910년대 후반 M2 브라우닝 기관총(M2 Browning Machine Gun)에 사용하기 위해 개발한 탄으로, 주로 기관총에 사용되고 있다. 장거리 목표물을 저격할 때도 사용되는데, 이때 사용되는 탄은 보통 사용되고 있는 기관총탄이 아닌 고정밀도 탄으로, 볼트액션 또는 반자동 저격총(주로 대물 라이플)에 사용된다.

AW는 기본적으로 영하 40도의 날씨에서도 사격할 수 있도록 설계되었다. 손잡이와 폴리머로 된 개머리판이 일체형으로 되어 있다. 레오폴드 사의 마크4 정적 4배율 망원 조준경 또는 슈미트 & 벤더(Schmidt & Bender) 사의 가변 3~12배율 망원 조준경을 사용할 수 있으며, 다른 망원 조준경으로도 바꿀 수 있다.

K-14

• 저격총 K-14

국가	대한민국
제조연도	1983
제조사	S&T 모티브
단가	약 1500만 원
제원	중량 : 5.5kg
	길이 : 1,150m
	총열길이 : 610mm
	탄약 : 7.62×51mm NATO
	작동방식 : 볼트액션
	유효사거리 : 800m

K-14 저격총은 S&T 모티브에서 국내 최초 순수 독자 기술로 자체 개발한 볼트액션 방식의 저격총이다. 기존의 K 계열 화기는 모두 국방부에서 먼저 소요 제기를 한 뒤 개발사에게 개발하도록 하는 방식이었지만. K-14 저격총은 업체에서 먼저 개발했다. S&T 모티브는 2011년 3월부터 개발에 들어가 1년 6개월 만에 완료하고 1년간 군 요구 성능(ROC)에 대한 정부 시험평가를 성공적으로 완수했다. 800m 거리에서 1MOA 규격(5발을 발사해 100야드는 1인치, 200야드는 2인치, 300야드는 3인치 안에 모두 명중해야 한다)을 통과했다.

K-14는 접용대 높이, 개머리 견착부, 양각대 위치 조절이 가능한 인체공학적 설계로 다양한 전투 환경에서 안정적으로 사격할 수 있으며, 다목적 레일을 장착해 부수 기재 사용이 용이하고 조준경의 망선 밝기 조정 기능과 배율을 3배 이상으로 높여 운용 성능과 명중률도 높였다.

요르단에 수출하여 호평을 받았으며, 국군은 2012년 800정을 도입하기로 결정하여 현재 특전사와 해병대 등 일부 특수부대 위주로 먼저 보급되고 있다. 특전사에서는 2014년 1월, 제1공수특전여단의 황병산 동계훈련에서 처음으로 언론에 모습을 보였다.

• 저격총 McMillan Tac-50

국가	미국
제조연도	2000(개발 1980년대)
제조사	맥밀런 브라더스 라이플 컴퍼니(McMillan Brothers Rifle Company)
제원	구경 : 12.7mm×99mm NATO(.50BMG)
	작동방식 : 볼트액션
	전장 : 1,448mm
	총열길이 : 737mm
	중량 : 11.8kg
	총구속도 : 805m/s
	유효사거리 : 1,800m
	탄창용량 : 5발들이 분리형 박스 탄창
	조준경 : 5×25배율(캐나다군 표준)

맥밀런(McMillan) Tac-50은 맥밀런 브라더스 라이플 컴퍼니(McMillan Brothers Rifle Company)가 제작한 대물 및 대인용 저격총이다. .50BMG탄을 사용하기 때문에 화력이 강하며 사거리도 매우 길다.

맥밀런 Tac-50은 2000년부터 캐나다군의 표준 제식 장거리 저격총(Long Range Sniper Rifle, LRSW)으로 지정되었으며, 0.5MOA의 정확도를 가진다.

2002년, 아프가니스탄 전쟁에서 캐나다군 PPCLI(Princess Patricia's Canadian Light Infantry)의 저격수가 샤흐-이-코트(Shah-i-Kot) 골짜기에서 펼쳐진 아나콘다 작전(Operation Anaconda)에서 2,310m와 2,430m 떨어진 적을 저격하여 당시 세계 최장거리 저격 기록 (2,286m)을 갱신한 것으로 유명한 총이다.(이후 2009년 아프가니스탄에서 영국군이 AWM 저격총으로 2,475m 떨어진 적을 저격하여 이 기록 을 다시 깨뜨렸다.)

• 저격총 M2010 ESR

국가	미국		
제조연도	2010		
제조사	PEO Soldier		
제원	중량 : 5.5kg		
	길이 : 1,180m		
	총열길이 : 610mm		
	탄약 : .300 윈체스터 매그넘(Winchester Magnum)		
	작동방식 : 볼트액션		
	유효사거리 : 1200m		
	장탄수 : 5발(박스탄창)		

M2010 ESR(Enhanced Sniper Rifle, 개량형 저격용 소총)은 통상 XM2010으로 알려져 있으며, 미 육군의 M24 개량형 저격무기 시스템 (Reconfigured Sniepr Weapon System, RSWS)에 따라 PEO Soldier 사에서 제작되었다.

M2010 ESR은 M24를 기본으로 제작 되었으나, M24와는 달리 총몸에 피카티니 레일을 기본적으로 부착할 수 있다. 또한 개머리판의 칙패드가 조절이 가능하며 사이드로 접을 수도 있어 운반 및 휴대도 개량되었다. 소음기 부착도 가능하다.

하지만 M2010 ESR의 가장 큰 특징은 .300 윈체스터 매그넘 탄을 사용해서 7.62×51mm NATO탄을 사용하던 M24보다 장거리 사격 이 가능해졌으며, 유효사거리도 50%정도 증가했다는 점이다.

2010년 12월까지 미군 저격수들에게 3600정 이상 지급되어 아프가니스탄에 배치되었다.

· 권총 K-5

국가	대한민국
제조연도	1989년
제조사	S&T 모티브
단가	약 1,500만 원
제원	무게 : 0.8kg
	길이 : 19cm
	구경 : 9mm
	강선 : 6조 우선
	최대사거리 : 1,550m
	유효사거리 : 50m
	방아쇠 작동 특성 : 단동, 속사, 복동식
	총신 재질 : 알루미늄 합금
	반자동식(방아쇠를 당길 때마다 한 발씩 발사되는 방식) 총열후좌 반동이용식(격발 시 발생되는 반동력을 이용해 총열이 후퇴되는 방식) 탄알집 장전식(탄알집을 이용해 송탄과 장전이 이루어짐) 권총집 휴대 가능(권총집을 휴대하여 허리에 차거나 어깨에 메고 다닐 수 있음)

K-5 권총은 S&T 모티브에서 1989년부터 보급된 한국군 제식 권총이다. 패스트액션 방식으로 현재 국군 장교와 전차병, 헌병 및 특수부대, 경찰 특수기동대에 주로 보급되어 있다.
1991년부터 미국에 DP-51로 수출되었으나 인기를 얻지 못했으며, 최근에는 개량형인 LH-9 권총으로 세계 시장의 문을 다시 두드리고 있다.

・유탄발사기 K-201

국가	대한민국
제조연도	1985
제원	무게 : 1.61kg(K-2소총에 장착시 4.88kg)
	길이 : 전장 38.5cm, 총열길이 : 30.5cm
	구경/ 탄알집 : 40mm
	유효사거리 : 150m(점표적), 350m(지역표적)
	최대사거리 : 400m
	신관작동거리 : 14~28m
	발사속도 : 최대 7~8발, 유효 5~6발
단가	약 130만 원(US$ 1,220)
특성	펌프 작용식(총열을 앞뒤로 펌프와 같이 움직여 탄을 장전하고 탄피 방출)
	단발 사격식(탄약을 한발씩 손으로 장전하여 발사)
	총미 장전식(탄약 장전시 총열의 후미에 장전)
	견착사격식
	고폭탄 : 인마살상 및 물자파괴(가격 : 57,855원) 이중목적 고폭탄 : 경장갑차 파괴가 주목적(가격 78,620원) 연습탄 : 훈련/연습용(가격 : 8,856원)
	직사·곡사화기 사용

• 대전차로켓 M72 LAW

국가	미국
제원	구경 : 66mm
	무게 : M72~M72A3 : 2.5kg 　　　　M72A4~M72A7 : 3.5kg
	길이 : M72~M72A3 : 899mm(열었을 때), 665mm(닫았을 때) 　　　　M72A4~M72A7 : 980mm(열었을 때), 7,755mm(닫았을 때)
	유효사거리 : M72~M72A3 : 150~175m 　　　　　　M72A4~M72A7 : 350m
	관통력 : 150~350mm

1950년대 중반, 미국은 경량 대전차로켓포에 대한 연구를 시작하여 1961년 연구 및 개발을 완료했다. M72 LAW는 베트남 전쟁 당시 큰 활약을 했으나, 그 이후 전차의 방어력이 한층 높아지면서 무용론이 제기되기도 했다. 하지만 몇 차례 개량을 거치며 지금까지 사용하고 있다. 현재는 직접 전차를 상대하기보다는 장갑차량이나 일반 차량, 또는 적진지나 건물, 밀집한 병력에 활용하고 있다.
다른 대전차화기와는 달리 일회용이나 무게가 가볍고 휴대하기가 편리하기 때문에 지금까지도 특전사에서 사용하고 있다.

· 야간관측장비 PVS-7

국가	대한민국
제조연도	1997
제원	무게 : 680g
	탐지거리 : 야간 200~350m
	작동온도: 영하 35도~영상 45도
	사용전원 : 1.5v×2, 군용건전지 2.7v
	배율 : 1배
단가	약480만 원(US$ 4,520)
특성	전혀 빛이 없는 장소에서 적외선 투사하여 관측가능
	야간에 미세한 빛을 증폭시켜 관심지역 관측
	강한 빛 감지 기능 보유로 강한 빛 노출시 전원 자동 차단
	양안 렌즈 장착

PVS-7은 노후된 2세대 야간관측장비인 PVS-5를 대체하기 위해 미국의 모델을 참고하여 개발한 3세대 장비다.

기본적으로 헬멧에 장착하여 사용하며, 양쪽 눈을 접안하고 앞쪽에 단안 카메라로 보는 방식이다. 이전 2세대 장비보다는 경량화되고 부피가 작아져서 널리 활용되었다.

어두운 야간이나 전력이 차단된 시가지 전투에서 그 진가를 발휘한다. 또한 안경착용자가 안경을 벗고 봐도 잘 보인다. 캠코더나 카메라를 연결하여 영상녹화 및 촬영도 가능하며, AA건전지 2개로 40~50시간가량 운용이 가능하다.

하지만 실제로 헬멧에 장착하여 장시간 사용하기에는 무거운 편이다. 또한 무게중심이 앞으로 쏠려서 감시가 불편하며, 좌우로 회전하거나 이동 시에 제대로 장착이 유지되지 않는 등 불편한 면이 많다. 장시간 착용 시에는 눈이 아프고, 머리끈을 조여야 하기 때문에 머리에 통증이 오기도 한다. 현재는 대부분 PVS-04K로 교체되고 있다.

· 야간관측장비 PVS-04K

국가	대한민국
제조연도	2004
제원	무게 : 듀얼(dual) 365g
	제원 : 170×64×52mm
	탐지거리 : 300m∼800m
	작동시간 : 48시간
	작동온도 : 영하 51도∼영상 49도
	배터리 : 알카라인(Alkaline) 1∼2개(1.5v 또는 3v)
	배율 : 1배(3배율경 3배)
단가	약600만 원(US$ 5,630)
특성	적외선 식별
	3배율경을 장착하여 사물을 3배로 확대하여 관측
	무광원 지역에서 적외선으로 근거리 표적을 탐지
	밝은 빛 감지기 내장으로 강한 빛 노출시 영상증폭관 전원 자동 차단
	상태지시기 기능(저전압, 적외선 주사)
	대안부 광차폐기능(머리장착대와 눈과의 거리 조정)
	IR 레이저(infrared laser:적외선 레이저) 인식 가능

PVS-04K는 단안형 야간관측장비(Night Monocular Scope, NMS)이다. 양안을 사용하는 PVS-7에 비해 훨씬 가볍고 휴대성이 좋아졌으며, 탐지거리도 향상되어 수색정찰이나 공격 시 효과적이다.

제3세대 영상증폭관을 사용한 고성능 장비이며, 다양한 옵션 품목을 활용하여 여러 기능을 구현할 수 있다. 즉, 각종 화기(K-2, K-7, M-4, M-16)에 주간 조준경 및 야간 표적지시기와 연동하여 야간 조준경으로 사용이 가능하다. 또한 3배율경 부착 시 탐지거리 증가로 선탐지, 선제압이 가능하다. 그리고 CCD 카메라(charge-coupled device camera), 디지털카메라, 캠코더와 연동하여 전장(戰場) 영상정보 획득이 가능하다.

그 외에 전장에서 효율적인 운용을 보장을 위해서 AA형 알카라인 배터리 1개 또는 2개로 운용이 가능하며, 주변 밝기에 따라 밝기 조정도 가능하다. 또한 건전지의 교체 시기를 알려주는 저전압 지시기가 내장되어 있고, 주변에 빛이 전혀 없는 상황에서도 적외선 조사를 통한 관측이 가능하다.

• 열영상 조준경 PAS-01K

국가	대한민국		
제조연도	2001		
제원	무게 : 2kg		
	제원 : 310×110×120mm		
	작동시간 : 8시간		
	작동온도 : 영하 35도~영상 50도		
	관측거리 : 1,000m		
	배율 : 기본 3배, 전자줌 6배/12배		
단가	약 2,110만 원(US$ 19,845)		
특성	열영상 이미지		
	날씨 제한 적음		
	화기 장착 가능		

PVS-01K는 휴대용으로 개발된 국내 최초의 열영상 장비로서 최첨단 비구면 광학 설계(aspheric surface design) 기술과 초고속 디지털 신호처리 기술이 접목된, 감시와 사격을 할 수 있는 장비다.

3세대급 영상증폭관 적용으로 별빛 정도의 미세 광원으로도 우수한 분해 성능을 발휘하여 밝은 시야가 확보 가능한 장비다. 주간조준경 및 야간조준경은 빛의 제한을 받는 것에 비해 PVS-01K 열영상 조준경은 사람의 눈으로 인식되지 않는 원적외선을 활용한다. 다시 말해, 가시광선이 존재하지 않는 무월광 자연조건이나 연막, 연기, 안개, 화염 등으로 인해 가시광선이 차단된 상태에서 피관측물이 방사하는 적외선 에너지를 직접 검출하여 이 에너지를 영상 신호로 전환시켜 피관측물을 탐지할 수 있으며, 무월광 야간, 터널 속에서 물체 탐지가 가능하며, 연막 및 화염 환경 에서도 물체와 인원을 탐지하여 제압할 수 있기 때문에 아군의 생존성을 향상시킨다.

또한 비구면 설계로 렌즈 매수가 4매에서 2매로 감소하여 무게와 부피가 감소했다. 광학계의 크기도 지름 100mm에서 70mm으로 소형화되었다.

개인화기 및 공용화기에 장착해 조준경으로 활용할 수도 있고, 틸트 & 패닝 마운트(Tilt & Panning Mount) 또는 삼각대에 장착하여 감시장비로 활용할 수도 있다. 이때 장비와 컴퓨터를 RS232 통신 모듈로 연계하여 원격조정이 가능하고, 비디오 매체에 연결하여 열영상을 녹화할 수 있으며, TV 모니터로도 열영상을 관측할 수 있다.

탐지거리는 1,000m(무월광, 자연조건, 인원 목표물)이며, 기본 배율이 3배율이나 전자줌 배율을 적용하면 한 번 누르면 6배율, 다시 한 번 누르면 12배율까지 가능하다. 또한 밝기와 선명도는 자동 또는 수동으로 조절이 가능하다.

• 다기능 쌍안경 Vector Mod B

국가	미국
제원	레이저 형태 : 1,550nm
	무게 : 1.7kg
	제원 : 178×205×82mm
	배율 : 7배
	관측거리 : 5m~12,000m(최적측정 : 250m~5,500m)
	오차 : ± 5m
단가	약 2,170만 원(US$ 20,340)
특성	디지털 방위각
	레이저 거리 확인
	측량 오류 제공

다기능 쌍안경 벡터 21(VECTOR 21)은 전방 20km까지 관측이 가능하고, 레이저 광선의 반사에 의해 두 물체 사이의 거리를 측정하는 방식으로 적까지의 거리 측정 및 적 비행기의 고도 측정까지 가능하다.
또한 두 물체 간 거리 및 GPS와 연동하면 표적의 좌표까지 표시해주는 GPS 정보 송수신도 가능하다. 물속에서도 약 10분간 방수가 가능하다.

폭파장비

• 원격무선 폭파 장비

PRG-1831K는 단순한 구조에 견고한 폭파 송수신기다. 폭파 송신기 TX-300K와 폭파 수신기 RX-301K로 구성되어 있으며, 1995년부터 보급되어 1998~1999년에 전력화되었으며, 크기가 좀 큰 편이다. 현재는 신형 폭파 세트(PRG-184K)가 2014년 11월 말부터 보급되어 2017년에 전력화가 완료될 예정이다.

신형 PRG-184K는 소형화되어 개당 무게가 600g으로 구형 무게의 절반밖에 되지 않는다. 또한 가장 큰 특징은 기존 송수신 간의 통신이 단방향이었던 데 반해, 신형 PRG-184K는 양방향이 가능하다는 점이다. 다시 말해, 기존은 송신기에서 폭파 명령을 내리면 수신기에서 명령을 수령하고 폭파가 실행되었다. 하지만 신형 PRG-184K는 수신기에서 폭파 명령을 내리면 (수신기가 파괴되지 않았다면) 수신기에서 수신 완료 신호와 폭파 여부 등의 내용이 다시 송신기로 보내진다.

폭파 세트는 작전의 필요상 폭탄과 같이 터지면 일회용이지만, 적당한 거리를 유지한다면 여러 번 다시 활용할 수 있다.

특전부사관 후보생 모집 요강

접수방법 및 구비서류

● 특수전사령부 홈페이지 접속 후 지원서 작성

특수전사령부 홈페이지(www.swc.mil.kr) ···› 특전부사관 지원센터 ···› 지원서 작성

● 지원자 공통 구비서류

발급기관	구비서류
특전부사관 지원센터	• 복무지원서(인터넷으로 작성한 지원서를 출력, 사진 1매 부착) • 서약서(구비서류 양식란에서 출력 후 자필 작성) • 신원진술서(자필 작성, 사진 1매 부착) • 나의 소개서(자필 작성) • 지원자 면담 Check-list(자필 작성) • 사진(4×5cm) 1매 • 동반지원신청서(해당자만, 자필 작성)
주민센터	• 가족관계증명서(본인) 2부, 기본증명서(본인) 2부, 주민등록등본 2부, 제적등본 1부 ※ 부모와 세대구성이 다를 시 부모용 주민등록등본 추가 제출 • 혼인관계증명서(본인) 2부(기혼자만)
고교/대학	• 고교생활기록부 • 대학재학(졸업, 휴학, 제적)증명서, 성적증명서
교육청 (검정고시 합격자)	• 검정고시 합격증명서, 검정고시 성적증명서
국민건강보험공단	• 개인진료내역서(기간: 5년 / 모든 진료내역이 보이도록)
해당 기관	• 국가공인자격증, 국가공인 민간 자격증, 무도단증 • 대회입상경력확인서 또는 상장

현역부사관/현역병/예비역에서 지원자 공통 구비서류와 함께 아래 서류 추가 제출

발급기관	추가구비서류
병무청(예비역)	병적기록표, 병적증명서
해당 부대(현역병/현역부사관)	부사관 지원동기서, 중대장/행정보급관 의견서, 부대 면담/관찰기록부, 복무확인서

지원자격

- 임관 일자 기준 고졸 이상의 학력 소지자 또는 이와 동등 이상의 학력을 가진 자(고등학교 졸업예정자 지원 가능, 검정고시 합격자 포함)

* 일반부사관에서 특전부사관 지원자

하사로서 군복무 2년 미만인 자로 전 병과 지원 가능

···→ 2년 미만인 자 : 2013년 6월 1일 이후 임관자 (2015년 6월 임관 기준)

* 현역병에서 특전부사관 지원자

일병은 특수전교육단 입교일 기준 군복무 5개월 이상 경과자로 특전부사관 입관일까지 현역인 자

- 임관 일자 기준 만 18세 이상 27세 이하인 자 (2015년 기준)

* 지원 가능 연령(「제대군인지원에관한법률시행령 제19조」에 의거)

군복무 기간	지원 가능 연령(만)
군 미필자	18세 이상 27세 이하
군복무 1년 미만	18세 이상 28세 이하
군복무 1년 이상 2년 미만	18세 이상 29세 이하
군복무 2년 이상	18세 이상 30세 이하

- 국군병원에서 실시하는 특전부사관 후보생 선발 신체검사 체력종합등위 2급 이상인 자로서 육규 161 신상관리규정의 부사관 임관 기준에 해당하는 자

* 신장 / 체중 / 시력 기준

신장	체중	시력
164cm 이상 (여 159cm이상)	46kg 이상 (여 50kg 이상)	양안 시력 0.6 이상(라식/라섹 수술자 지원 가능)

- 신장·체중에 따른 신체등위 판정기준(남)

구분	1급	2급
164~166cm	53~65kg	46~52kg, 66~82kg
167~169cm	55~68kg	46~54kg, 69~84kg
170~172cm	58~71kg	48~57kg, 72~87kg

구분	1급	2급
173~175cm	60~74kg	49~59kg, 75~89kg
176~178cm	62~77kg	51~61kg, 78~91kg
179~181cm	64~80kg	53~63kg, 81~93kg
182~184cm	68~83kg	54~67kg, 84~95kg
185~187cm	70~86kg	56~69kg, 87~112kg
188~190cm	72~89kg	58~71kg, 90~119kg
191~195cm	75~92kg	58~84kg, 93~119kg

＊ **색각검사 결과 색맹, 색약인 경우 신체검사 불합격**

특전부사관 선발 신체검사는 병무청 징병검사 시 실시하는 신체검사와는 별도로 국군병원에서 모집부대별로 실시하고, 신체등급은 국군병원 전문군의관이 각 과별 평가기준표에 의해서 결정됩니다.

● 「군인사법 제10조(결격사유)」 해당 사항

＊ **사상이 건전하고 소행이 단정하며 체력이 강건한 자 중에서 임용**

＊ **다음에 해당하는 자는 임용될 수 없음**

대한민국 국적을 가지지 아니한 자

금치산자와 한정치산자

파산선고를 받은 자로서 복권되지 아니한 자

금고 이상의 형을 받고 그 집행이 종료되거나 집행을 받지 아니하기로 확정된 후 5년을 경과하지 아니한 자

금고 이상의 형을 받고 집행유예 중에 있거나 그 집행유예기간이 종료된 날로부터 2년을 경과하지 아니한 자

자격정지 이상의 형의 선고유예를 받은 경우에 그 선고유예기간 중에 있는 자

탄핵 또는 징계에 의하여 파면되거나 해임 처분을 받은 날로부터 5년을 경과하지 아니한 자

법률에 의하여 자격이 정지 또는 상실된 자

＊ **군 간부로서 올바른 품성과 가치관, 국가관을 구비하지 않은 인원은 선발과정에서 불이익을 받을 수 있습니다.**

● 지원자격제한자(육규 107 인력획득 및 임관규정)

＊ **중징계 처분을 받은 자**(예비역 지원자)

＊ **탈영 삭제되었던 자**(예비역 지원자)

＊ **선발과정 시 임관결격사유를 은닉한 사실이 있는 자**

＊ **선발평가 시 부정행위자**

＊ **이중 또는 대리 입대한 사실이 있는 자**

＊ **육훈소 및 부사교, 특교단 양성교육과정 교육 중 퇴교한 사실이 있는 자. 단, 신병(身病) 및 성적, 개인 가사문제로 인한 퇴교자는 제외**

선발평가(민간 남)

구분	계	체력검정	면접평가	필기평가 (국사 포함)	무도단증
점수	100	50	35	10	5

* **체력검정(남) 평가항목: 1.5km 달리기, 팔굽혀펴기, 윗몸일으키기, 턱걸이, 사낭 매고 달리기**

선발평가(민간 여)

구분	계	체력검정	면접평가	필기평가 (국사 포함)	무도단증
점수	100	40	35	20	5

* **체력검정(여) 평가항목: 1.5km 달리기, 팔굽혀펴기, 윗몸일으키기, 철봉 오래 매달리기**

선발평가(현역)

구분	계	체력검정	면접평가	필기평가 (국사 포함)	무도단증
부사관	100	50	45	미실시	5
병	100	50	35	10	5

* **체력검정(여) 평가항목: 1.5km 달리기, 팔굽혀펴기, 윗몸일으키기, 철봉 오래 매달리기**

최종 합격자 입대 / 양성교육 기간 : 특수전교육단(경기 광주) / 17주

구분	군인화과정 (5주)	공수교육과정 (3주)	신분화과정 (9주)
과목	· 개인화기 등 8개 과제 · 태권도 등 7개 과제 · 병영생활 등 6개 과제	· 지상훈련 　– 지상기초 3개 　– 모형탑 · 자격강하(4회)	· 특전종합훈련 등 8개 과제 · 산악행군 등 8개 과제 · 특공무술 · 체력검정 등 2개 과제

* **현역부사관 / 현역병 에서 특전부사관 지원자는 교육이수 여부에 따라 개별 적용**

● 의무복무기간 : 하사 임관 후 4년(여군 3년)

* **장기복무는 임관 3년차에 본인 희망 시 선발절차를 거쳐 복무연장을 선발하고, 4·5·6·7년차(여군: 5·6·7년차)에 확정 선발**
  현역부사관에서 특전부사관 지원 / 전환자는 복무기간 연계

● 대우 및 혜택

* 일반 육군 부사관에 높은 진급 / 장기복무 선발률

중사 → 상사 진급은 일반 육군 부사관에 비해 조기 진급 가능

* 특전부사관 급여 (2014년 급여 기준)

구분	호봉	복무기간	연간 보수액	월 보수액
하사	1	1년 미만	약 19,266,880원	약 1,605,573원

성과상여금, 복지자금, 피복수당 별도 지급

* '세계평화유지군'으로서의 해외파병 기회 부여 / 파병수당 지급

파병수당(하사 기준) 월 225만원(원/달러 환율에 따라 달라질 수 있음)

* 스카이다이빙, 스쿠버, 산악등반, 스키 등 고급 스포츠 자격 획득 가능

* 전역 후, 경찰·소방·철도공무원, 경비·경호업체 전문직으로 취업 용이

* 국비지원으로 학위취득 / 위탁교육 기회 부여, 자격증 취득 기회 부여

* 군 숙소 제공, 군 복지시설(호텔·콘도) 이용 등 각종 복지 수혜

* 20년 이상 복무 후 전역 시 연금수혜, 33년 이상 복무 시 국가유공자 등록(훈장 수여)

* 개인 희망 및 노력 여하에 따라 장교, 준사관 진출 가능

● 특전부사관 '연고지 복무제도' 시행

* 시행지역(부대) : 대전/충남/충북(13여단), 전북, 대구/경북(7여단), 광주/전남, 부산/경남(11여단)

* 지원자 중 희망자에 한하여 부대 분류 시 해당 부대의 소요특기 등을 고려하여 자대 배치

전문(폴리텍)대 특전 군장학생

● 지원자격

* 육군과 협약된 전문(폴리텍)대학의 재학생(남자)

* 임관일 기준 18~27세 이하(예비역 28~30세)

● 선발시험

* 확정선발: 필기평가, 인성검사, 신체검사, 신원조사, 체력평가, 면접평가, 대학성적

● 지원서 접수

* 인터넷 접수: 특수전사령부 홈페이지(www.swc.mil.kr)

세부 구비서류는 등기우편 접수(각 모집지역)

● 선발일정(2015년 기준)

구분	접수기간	신체검사	필기평가	1차발표	면접/체력	최종발표	입대일자
군장학생 선발	'14년 12월 ○일~ '15년 2월 ○일	'15년 2월 ○일 ~2월 ○일	'15년 4월 ○일/ 육군통합	'15년 5월 ○일	'15년 5월 ○일	'15년 7월 ○일	'16년 2월

군사 용어

특전사의 주요 훈련은 주로 한미연합으로 실시되기 때문에 영어능력이 강조된다. 특히 작전팀이 항공화력을 유도하는 과정에서 정확하고 신속한 커뮤니케이션은 필수적이다.

팀원은 METT+TC요소(Mission, Enemy Information, Terrain and Weather, Troops Available, Time Available, Civil Consideration)를 고려하여 계획을 수립하고, SOTAC(Special Operation Terminal Attack Controller : 특수작전최종공격통제관) 과정을 이수하여 정밀항공폭격유도를 할 수 있어야 한다. 첩보 보고 시에는 SALUTE(Size, Activity, Location, Unit, Time, Equipment)에 맞추어 누락되는 요소 없이 보고하여 임무를 완수한다. 다음은 기본적인 군 관련 용어 및 약어 그리고 예문들이다.

연합사·합참 관련 부대 및 명칭

JCS(제이씨에스)	Joint Chief of Staff	합참
PACOM(페이컴)	Pacific Command	태평양사령부
USFK	U.S. Forces Korea	주한미군
UNC	United Nations Command	UN사
GCC	Ground Component Command	지구사
CRAC(씨랙)	Combined Rear Area Coordinator	연합후방지역 조정관
CPOTF(씨포티프)	Combined Psychological Operations Task Force	연심사
DCPC	Defense Chemical Protection Command	국방사
AAOC	Army Aviation Operations Command	항자사
ACC	Air Component Command	공구사
AFOC(에이폭)	Air Force Operations Command	공작사
CDC	Capital Defense Command	수방사
CFC	Combined Forces Command	연합사령부
CMCC	Combined Marine Component Command	연해병사
FROKA(프로카)	First ROK Army	1군사
TROKA(트로카)	Third ROK Army	3군사
MOC(막)	Marine Operations Command	해병작전사령부
NCC	Navy Component Command	해구사
NOC	Navy Operations Command	해군작전사령부
NWI DC	North Western Islands Defence Command	서북도서방어사령부

PSYOPS Bn		심리전대대
Ranger Bn		유격대대
2OC(세컨드 오씨)	Second Operational Command	2작사
7th Fleet		7함대
7th Air Force Command		7공군

연특사 관련 부대 및 명칭

SWC(스웍)	Special Warfare Command	특수전사령부
CUWTF(큐티프)	Combined Unconventional Warfare Task Force	연특사
SOCKOR(싸코)	Special Operations Command Korea	주한미특전사
ARSOTF(아미쏘프트)	Army Special Operation Task Force	미 육군 특전부대
CJ−SOAC(씨제이쏘액)	Combined Joint Special Operations Air Component	연합 / 합동 공군 특수작전 부대
SOFLE to ACC	Special Operations Forces Liaison Element to Air Component Command	공구사 특수작전 연락반
CP−TANGO(씨피탱고)	Command Post TANGO	전구 공·해·지 작전지휘소
CNSWTG	Combined Navy Special Warfare Task Group	연합 해특단
DET 39(뎃 39)	39th Detachment	39파견단
FALE(패일)	Field Army Liaison Flement	야전군 연락반
GOTF(고티프)	Ground Operation Task Force	지상작전 TF
J−SOLE(제이쏠)	Joint Special Operations Liaison Element	합동특수작전연락반
N−SOLE(엔쏠)	Navy Special Operations Liaison Element	해군 특수작전 연락반
NSWB	Navy Special Warfare Brigade	해군 특수전 여단
SOCCE(싹씨)	Special Operations Command Control Element	특수작전 연락반(미군)
T−SOLE(티쏠)	Theater Special Operations Liaison Element	전구 특수작전 연락반(연합사)

주요 약어

군의 구분

군	FA(Field Army)
군단	Corps
사단	DIV(Division)
여단	BDE(Brigade)
연대	RGMT(Regiment)
대대	BN(Battalion)
중대	COM(Company)
소대	PLT(Platoon)
분대	SQD(Squad)

명령의 종류

지시공문	MOI(Memorandum of Instruction)
단편명령	FRAGO(Fragmentary order)
전개 준비 명령	PTDO(Prepare to deploy order)
전개명령	DEPORD(Deployment order)
준비명령	WARNO(Warning order)
시행명령	EXORD(Execution order)
대기명령	Standby order
비상대기명령	Alert order

근무

당직사령	FOD(Field Officer of the day)
당직사관	DO(Duty Officer of the Day)
근무 오는/가는 조	Incoming/Outgoing shift
근무를 인수하다	Assume, take over
근무를 인계하다	Hand over, hand off

장교 계급표

	한국군	미군	Army	Air Force	Marines	Navy
소위		O-1	Second Lieutenant (2LT)	Second Lieutenant (2nd Lt)	Second Lieutenant (2ndLt)	Ensign (ENS)
중위		O-2	First Lieutenant (1LT)	First Lieutenant (1st Lt)	First Lieutenant (1stLt)	Lieutenant Junior Grade (LTJG)
대위		O-3	Captain (CPT)	Captain (Capt)	Captain (Capt)	Lieutenant (LT)

한국군		미군	Army	Air Force	Marines	Navy
소령		O-4	Major (MAJ)	Major (Maj)	Major (Maj)	Lieutenant Commander (LCDR)
중령		O-5	Lieutenant Colonel (LTC)	Lieutenant Colonel (Lt Col)	Lieutenant Colonel (LtCol)	Commander (CDR)
대령		O-6	Colonel (COL)	Colonel (Col)	Colonel (Col)	CaptainI (CAPT)
준장		O-7	Brigadier General (BG)	Brigadier General (Brig Gen)	Brigadier General (BrigGen)	Rear Admiral Lower Half (LH) (RADM(L))
소장		O-8	Major General (MG)	Major General (Maj Gen)	Major General (MajGen)	Rear Admiral Upper Half (RADM(U))
중장		O-9	Lieutenant General (LTG)	Lieutenant General (Lt Gen)	Lieutenant General (LtGen)	Vice Admiral (VADM)
대장		O-10	General (GEN)	General (Gen)	General (Gen)	Admiral (ADM)
원수		O-10	General or Admiral of the applicable services (ONLY during time of war) 원수 계급은 전시에만 적용된다.			

준사관 계급표

한국군	미군			
	Army	Air Force	Marines	Navy
준위	Chief Warrant Officer 1 (WO1)	NO CWO	Chief Warrant Officer 1 (WO)	NO CWO1
	Chief Warrant Officer 2 (CW2)		Chief Warrant Officer 2 (CWO2)	Chief Warrant Officer 2 (CWO2)
	Chief Warrant Officer 3 (CW3)		Chief Warrant Officer 3 (CWO3)	Chief Warrant Officer 3 (CWO3)
	Chief Warrant Officer 4 (CW4)		Chief Warrant Officer 4 (CWO4)	Chief Warrant Officer 4 (CWO4)
	Chief Warrant Officer 5 (CW5)		Chief Warrant Officer 5 (CWO5)	NO CWO5

부사관 계급표

한국군		미군			
		Army	Air Force	Marines	Navy
하사	Staff Sergeant (SSG)	E-6	Staff Sergeant (SSG)	Technical Sergeant (TSgt)	Staff Sergeant (SSgt)	Petty Officer 1st Class (PO1)
중사	Sgt First Class (SFC)	E-7	Sergeant First Class (SFC)	Master Sergeant (MSgt) / First Sergeant	Gunnery Sergeant (GySgt)	Chief Petty Officer (CPO)
상사	Master Sgt (MSG)	E-8	Master Sgt (MSG) / 1st Sgt (1SG)	Senior Master Sergeant (SMSgt) / First Sergeant	Master Sgt (MSgt) / First Sgt	Senior Chief Petty Officer (SCPO)
원사	Sergeant Major (SGM)	E-9	Senior Chief Petty Officer (SCPO) / Command Sgt Major (CSM)	Chief Master Sergeant (CMSgt) / First Sergeant / Command Chief Master Sergeant (CCMSgt)	Sergent Major (SgtMaj) / Master Gunnery Sergeant (MGySgt)	Master Chief Petty Officer (SCPO)
주임 원사			Sgt Major of the Army (SMA)	Chief Master Sergeant of the Air Force (CSAF)	Sgt Major of the Marine Corps (SgtMajMC)	Master Chief Petty Officer of the Navy (MCPON)

병사 계급표

한국군		미군				
			Army	Air Force	Marines	Navy
훈련병	Private (PVT)	E-1	Private (PVT)	Airman Basic (AB)	Private (PVT)	Seaman Recuit (SR)
이병	Private 2nd Class (PV2)	E-2	Private (PV2)	Airman (Amn)	Private First Class (PFC)	Seaman Apprentice (SA)
일병	Private First Class (PFC)	E-3	Private First Class (PFC)	Airman First Class (A1C)	Lance Corporal (LCpl)	Seaman (SN)
상병	Corporal (CPL)	E-4	Corporal (CPL) / Specialist (SPC)	Senior Airman (SrA)	Corporal (Cpl)	Petty Officer 3rd Class (PO3)
병장	Sergeant (SGT)	E-5	Sergeant (SGT)	Staff Sergeant (SSgt)	Sergeant (Sgt)	Petty Officer 2nd Class (PO2)

특전사 부대표지 및 특수전표지 설명

부대표지

흰색 원은 지휘관을 중심으로 한 단결을 의미하며, 청색 바탕은 특전부대가 활동하는 하늘과 바다를 상징하고, 적색 원은 지치지 않는 정열과 기백을 상징한다. 독수리는 하늘의 왕자로서 용맹을, 낙하산은 특전부대의 기본 침투 수단을 나타낸다. 단검은 무성무기에 의한 유격전으로 특수전을, 번개는 정보전 하에서의 신출귀몰한 속도를 상징한다.

특수전 마크

특수전 휘장

특수전 휘장은 공수기본훈련을 받은 특전부대원이 6주간의 특수전훈련을 수료하면 수여되는 자격휘장이다. 낙하산은 특전부대의 기본 침투 수단을 표현하며, 칼과 도끼는 최후의 무기를 나타낸다.
독수리는 하늘의 왕자로서 용맹을 상징하고, 용은 바다를 지배하는 신령을 상징한다.
지구는 검은 베레의 활동 무대를, 태극 문양은 절대적인 충성을 뜻하며 불꽃은 강인한 생명력과 정열을 상징한다.

특전병
베레모 모장

과거에는 특전병들도 베레모에 특수전교육수료휘장을 부착했으나, 특수전 교육을 미수료한 특전병들은 2014년 4월 1일부터 특전부대 마크를 도안한 모장을 부착하고 있다.
특전사 모장의 낙하산은 낙하산 포장 및 정비를 담당하는 장비정비병을 상징하며, 독수리는 특전사 통제부를 지원하는 행정병을, 칼은 주둔지 경계를 담당하는 특전화기병을, 번개는 작전팀 통신을 지원하는 정보통신병을, 원은 작전팀 작전 여건을 보장하는 의무·헌병·지원병 모두를 상징하는 의미를 부여했다.

공수휘장

	3주간의 공수훈련을 마치고 자격강하 4회를 합격한 자
	강하조장교육을 이수하거나 총 강하 횟수가 20회를 넘는 자
	고공강하교육을 이수하거나 총 강하 횟수가 40회 이상인 자
	노란 별 1개: 강하 횟수 100~199회
	노란 별 2개: 강하 횟수 200~299회
	노란 별 3개: 강하 횟수 300회 이상
	강하 횟수 1,000회 이상인 자

한국국방안보포럼(KODEF)은 21세기 국방정론을 발전시키고 국가안보에 대한 미래 전략적 대안을 제시하기 위해 뜻있는 군·정치·언론·법조·경제·문화 마니아 집단이 만든 사단법인입니다. 온·오프라인을 통해 국방정책을 논의하고, 국방정책에 관한 조사·연구·자문·지원 활동을 하고 있으며, 국방 관련 단체 및 기관과 공조하여 국방 교육 자료를 개발하고 안보의식을 고양하는 사업을 하고 있습니다. http://www.kodef.net

KODEF
안보총서
75

워너비 검은베레
WANNABE
A BLACK BERET

초판 1쇄 인쇄 2014년 12월 16일
초판 1쇄 발행 2014년 12월 22일

지은이 김환기·양욱·박희성
감수 박균용
펴낸이 김세영

책임편집 이보라
편집 김예진
디자인 송지애
영업 임재흥
관리 배은경

펴낸곳 도서출판 플래닛미디어
주소 121-894 서울시 마포구 월드컵로8길 40-9 3층
전화 02-3143-3366
팩스 02-3143-3360
블로그 http://blog.naver.com/planetmedia7
이메일 webmaster@planetmedia.co.kr
출판등록 2005년 9월 12일 제313-2005-000197호

ISBN 978-89-97094-69-1 03390